マザーボード教科書

TUF GAMING Z690-PLUS WIFI D4（ASUS）

はじめに

　パソコンは、「処理速度が速い」ほど、また「容量は大きい」ほど優れている……というのは、昔から変わらぬ真理と言えるでしょう。

＊

　「自作 PC パーツの中で、いちばん重要なパーツは?」と問われて、何を答えるか。
　どこにこだわりをもつかは人それぞれですが、真理に当てはめるならば、やはり「CPU」や「ビデオカード」が上位にくるはず。

　「CPU」や「ビデオカード」は、製品グレードの違いで性能の違いがはっきりしているので、Web や情報誌のベンチマークを見比べながら、目的や予算に応じて何を購入するべきか、悩むのがとても楽しいです。
　また、「メモリ」や「ストレージ」は、速度、容量に応じて、おおむね明朗会計で、必要とする製品を "バシッ!" と決めやすいです。

＊

　そのような PC パーツと比べて、これといった指標を立てるのも難しく、さまざまな製品同士でどこを見比べたらいいのか分からない PC パーツが、「マザーボード」ではないでしょうか。

　特に、PC 初心者の目線では、各マザーボード・メーカーから、同じようなマザーボードがいくつも出ている、といった印象をもたれているかもしれません。

　結局、自分では選びきれずに、" 一番人気 " の売れ筋のマザーボードを買うことにしたという人も少なくないはず。

　それは、あながち間違いではないものの、マザーボードのことをもっと知れば、いろいろと製品ごとの特長も見えてきます。

＊

　そこで本書は、マザーボードにはどのような機能が搭載されているのか、製品ごとの違いはどの部分に現われるのかを紹介しています。
　現在使用中のマザーボードがもつ機能を再発見したり、自身の判断でマザーボードを選ぶための助力になれば幸いです。

勝田有一朗

マザーボード教科書

CONTENTS

第1章

マザーボード概論

本章では、①「マザーボード」の役割と、②「マザーボード」が備える機能について、確認していきます。

1-1　「マザーボード」の役割

すべての「PCパーツ」の橋渡しになる「土台」

「マザーボード」は、パソコンには無くてはならない、不可欠な「PCパーツ」です。

「PCパーツ」と言えば、「CPU」や「ビデオカード」が主役といった印象をもつ人も多いかと思います。

たしかに「CPU」や「ビデオカード」は、「パソコン」の性能を決定付ける、重要な「PCパーツ」です。そして、それらの「PCパーツ」を連携させて、「パソコン」として成り立たせるのが、「マザーボード」の仕事になります。

*

「PCパーツ」の中で、「マザーボード」は、「パソコンの土台」と表現されることがあります。

「マザーボード」の大きな役割の１つとして、「各PCパーツ間でのデータの受け渡し」があるのですが、それはつまり、すべての「PCパーツ」は「マザーボード」に接続する必要があることを意味します。「マザーボード」の上に全「PCパーツ」が載ることで、はじめて「パソコン」として動作するようになります。

まさに、「マザーボード」は「パソコンの土台」と言えるでしょう。

*

また、パソコンを構成する「PCパーツ」は、世界中のさまざまなメーカーから販売されています。

これらさまざまなメーカーの「PCパーツ」を集めて「マザーボード」に接続し、問題なく1台のパソコンとして機能させるために、「パーツ構造」や「データ信号形式」、「インターフェイス」などは、厳格に"規格"として定められています。

※これらの「規格」については、2章で解説しているので、詳しくはそちらを参照してください。

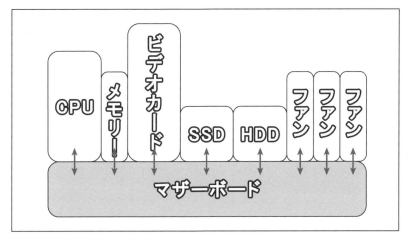

「マザーボード」にいろいろな「PCパーツ」が接続され「パソコン」となる。

PC用語の表記・読み方

（英）　Mother Board

（読み）「マザーボード」

［補足］「MB」と表記されたり、「マザボ」という略称で呼ばれたりすることもある。

「マザーボード」のグレードはどこで決まる？

■「マザーボード」で最も重要な「チップセット」

　「マザーボード」は、さまざまな「PCパーツ」を接続し、互いにデータの受け渡しができるようにすることを、主な機能とするのは前述のとおりです。

　そして、「マザーボード」を介してさまざまなデータのやり取りを行なうには、データの流れを統括的に制御する「専用チップ」が必要となります。

　このマザーボード上に搭載される専用チップを、「チップセット」と呼び、「マザーボード」の中でも最も重要な部品のひとつになります。

　「チップセット」は、使用するCPUと対の関係になっていて、「IntelのCPU」には「Intelのチップセット」を搭載したマザーボード、「AMDのCPU」には「AMDのチップセット」を搭載したマザーボードが、必ず必要になります。

　このことから、「マザーボード」は大きく「Intel系マザーボード」「AMD系マザーボード」に大別されるのです。

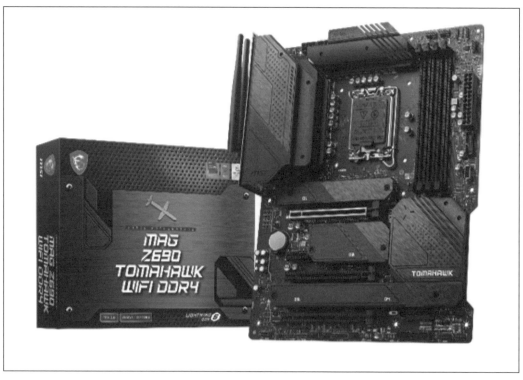

「MAG Z690 TOMAHAWK WIFI DDR4」(MSI)
Intel向けの「マザーボード」。

「MAG X570S TOMAHAWK MAX WIFI」(MSI)
同じシリーズでAMD向け「マザーボード」も展開されている。

　また、「Intel」「AMD」ともに「チップセット」は"多機能ハイエンド〜低コストエントリー向け"まで、いくつかのモデルに分けてラインナップしており、搭載する「チップセット」によって、「マザーボード」のグレード（価格帯）も大まかに決まるようになっています。

　「マザーボード」はさまざまなマザーボード・ベンダーから販売されていますが、その「製品名」には必ずと言っていいほど、「搭載チップセット」の名称が含まれています。

　ですから、チップセットの名前を憶えていれば、"この「マザーボード」は**多機能で高価だな**、こっちの「マザーボード」は**エントリー向けだな**"というのが、まず一目で判別できるようになります。

　　　　※チップセットについては**4章**で解説しているので、詳しくはそちらも参照してください。

「TUF GAMING Z690-PLUS WIFI D4」（ASUS）
ASUSの人気「マザーボード」「TUF GAMINGシリーズ」。チップセットはZ690。

「TUF GAMING B660-PLUS WIFI D4」(ASUS)
こちらも同じく「TUF GAMINGシリーズ」。チップセットが下位のB660で安価なモデル。

 PC用語の表記・読み方

・・

（英）　Chipset
（読み）チップセット

［補足］　チップ"セット"という名前にあるように、もともとは機能を分担した複数の半導体
チップのセットの総称を「チップセット」と呼称していた。
　半導体集積技術の向上で複数の半導体チップがまとめられていき、現在はマザーボード上に
1つの統合チップが残るだけとなったが、慣例的に今でも「チップセット」と呼び続けている。

■ 重要視される「VRM」(Voltage Regulator Module)

昨今の「マザーボード」を語る上で外せないのが、要注目パーツとなった「VRM」です。

「VRM」は、「CPU」へ供給する電気の「電圧を変換する回路」のことで、CPUの消費電力が爆発的に上昇してきたことから、「VRM」の性能に注目が集まるようになりました。

「VRM」のスペックを見る上で重要な指標が、「フェーズ数」。
「フェーズ数」は「VRM」の回路数のことで、多いほど負荷が分散されて、安定した動作が見込めるという寸法です。

"12+2フェーズのVRM搭載！"といった具合に、「マザーボード」の売り文句になることも少なくありません。

この「○+△フェーズ」という表記の意味は、○が「CPUのコア部分への電力供給を担うフェーズ数」で、△が「CPUのアンコア部分(メモリ・コントローラなど)への電力供給を担うフェーズ数」という意味になります。

当然、フェーズ数が多いほど安定性の高い「マザーボード」ということになり、上位グレードのマザーボードの「VRMフェーズ数」は多めです。

また、スペックには表われないものの、「VRM」の「冷却機構」(ヒートシンク)の出来栄えも重要になり、マザーボード・メーカー各社がしのぎを削っている部分でもあります。

CPUソケット周辺の金属ブロックは「VRM」を冷やすためのヒートシンク

One Point　「VRM」の性能が足りないと何が起こる？

　「VRM」があまり高性能ではないエントリー向けの「マザーボード」に消費電力の高い上位CPUを装着すると、CPUへの電力供給が足りずに動作クロックが低くなるなど、性能を100%発揮できない事態に陥るということが実際に起きています。

　したがって、上位モデルのCPUには「VRM」のしっかりした上位グレードの「マザーボード」を組み合わせるというのが、「マザーボード」選択時における重要ポイントの1つになっています。

　フェーズ数の目安としては、Intel系であれば「最上位CPUオーバークロック……14+2フェーズ以上」「ミドル〜最上位CPU……12+2フェーズ」「6コアCPUまで……6+2フェーズ」という感じです。

　AMD系はもう少し条件が緩く、「8+2フェーズ」で最上位CPUまでOKで、「12+2フェーズ」だとかなり余裕があるという感じです。

One Point　PC用語の表記・読み方

（英）　VRM (Voltage Regulator Module)
（読み）ブイアールエム

電源投入後に最初の仕事を行なう「BIOS」「UEFI」

　「マザーボード」がもつ仕事の中で、重要なものの1つに、電源投入後、接続されている各PCパーツの「チェック」や「初期化」、「設定」を行ない、「OS」（Windowsなど）が起動するまでの下準備を行なうということがあります。

　その役割を担う機能（ソフトウェア）を「BIOS」や「UEFI」と呼びます。
　これらは「マザーボード」上のフラッシュメモリに最初から組み込まれている制御ソフトウェアで「ファームウェア」とも呼ばれます。

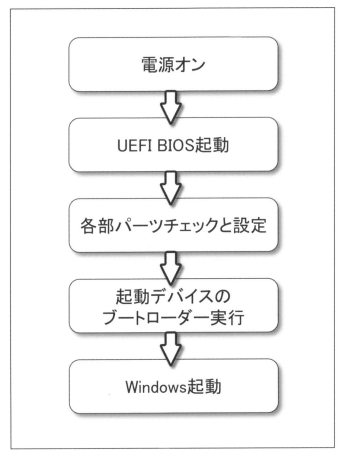

パソコン（Windows）が起動するまでのプロセス

「BIOS」と「UEFI」の違いについて大雑把に解説すると、パソコンのファームウェアとして昔から用いられていたのが「BIOS」で、新機能を追加し時代に合わせて刷新したものが「UEFI」という認識で大丈夫でしょう。

現在の多くのマザーボードは、互換性の面から「BIOS」と「UEFI」の両方に対応していて、「BIOSモード」（レガシー BIOSモード）と「UEFIモード」を切り替えてパソコンを動かすことができます。

ただ、現在パソコンを使用する上では、「UEFIモード」だけに焦点を合わせておけば大丈夫です。

※「BIOS」「UEFI」については、5章で解説しているので、詳しくはそちらを参照してください。

PC用語の表記・読み方

（英）　BIOS（Basic Input Output System）
（読み）バイオス

（英）　UEFI（Unified Extensible Firmware Interface）
（読み）ユーイーエフアイ

［補足］「UEFI」はファームウェア―OS間のソフトウェア・インターフェイス定義なので、ファームウェアとしてのモノを指すときは、「UEFI対応ファームウェア」と呼ぶのが正しいが、単に「UEFI」とすることが多い。

　また、「BIOS」にはコンピュータのファームウェアという広義の意味もあるため、「UEFI」を「UEFI BIOS」と呼ぶことも多い。

　それに付随して、「マザーボード」のUEFI設定を行なう画面も、慣例的に「BIOS画面」と呼ばれ続けているし、「対応BIOS」や「BIOS アップデート」という言い回しも使い続けられている。

　これに対して、機能としての古い「BIOS」のことは「レガシー BIOS」などと呼ばれることが多い。

マザーボードのオンボード機能

　「マザーボード」にさまざまな「PCパーツ」を増設することで、パソコンにはいろいろな機能を付け加えていくことができますが、最初から「マザーボード」自体に備わっている機能もいくつかあります。

　このように旧来であれば「PCパーツ」の増設によって機能追加していた項目が、あらかじめ「マザーボード」に備えられるようになったものを、「オンボード機能」と言います。

　代表的なオンボード機能には、

・サウンド機能
・LAN機能
・ディスプレイ出力

などが挙げられます。

1-2　「マザーボード」の各部名称

マザーボード上にあるさまざまなソケットやコネクタ

　マザーボード上には、さまざまな「PCパーツ」を接続するための「ソケット」や「コネクタ」が多数実装されています。

　それら各部の名称を見ていきましょう。

　これらの「ソケット」や「コネクタ」について、次章より詳しく解説していきます。

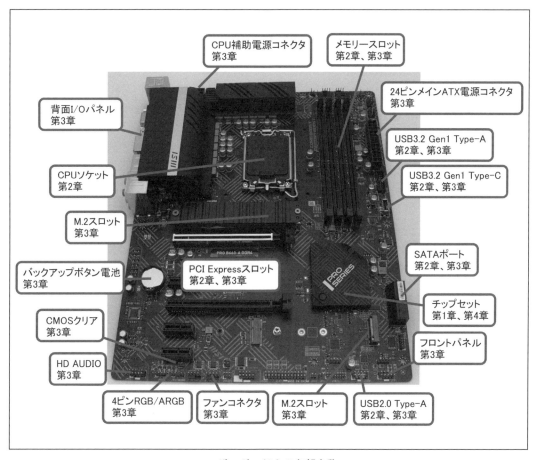

マザーボード上の各部名称

第**2**章

マザーボードのさまざまな規格

さまざまなメーカーの「PCパーツ」を組み合わせる「パソコン」は、細部に至るまで規格が定められています。もちろん、「マザーボード周辺」のパーツでも同様です。

本章では、そのような「マザーボード周辺」の「規格」を解説していきます。

2-1　構造の規格

「大きさ」や「位置」を規格化した「ATX」

「マザーボード」を「PCケース」にネジ止めしたり、「拡張カード」を増設したときに「PCケース」と干渉せずに正しく取り付けられるのは、「大きさ」や「位置」などがしっかりと規格化されているからです。

　このような構造の規格を、「フォームファクタ」と呼び、そのうち現在のパソコンで広く用いられているのが、「ATX」です。

＊

「ATX」は主に、「マザーボード」「PCケース」「電源ユニット」の大きさなどに関係する規格となります。

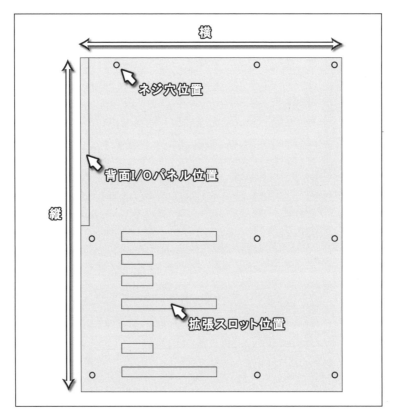

マザーボードは、「寸法」「ネジ位置」「背面I/Oパネル位置」
「拡張スロット位置」などが、「規格」として定められている。

「ATX」は1995年にIntelが策定したフォームファクタで、パソコンの構造におけるデファクトスタンダードとして、25年以上君臨し続けています。

　なお、Intelは2003年に後継規格として「BTX」(Balanced Technology eXtended)を発表しましたが普及せず、「ATX」が使われ続けています。

　ずっと「ATX」が使われ続けているので、「20年前のPCケースを現代に流用する」といったことも可能です。

PC用語の表記・読み方

- -

（英）　ATX (Advanced Technology eXtended)

（読み）　エーティーエックス

[補足]「ATX規格」や「ATXフォームファクタ」といった使われ方もされる。

さまざまなサイズの「マザーボード規格」

　パソコンのサイズにバリエーションをもたせるために、「ATX」から派生したサイズの規格がいくつかあります。

　当然、それぞれの規格でマザーボードのサイズも異なりますが、無秩序にバラバラなサイズではなく、あくまでも「ATX」を基準としたサイズ設計がなされています。

＊

　代表的なマザーボードの「規格」と「サイズ」を挙げていきましょう。

・ATX	縦305mm × 横244mm 基準となる大きさ。
・Micro-ATX	縦244mm × 横244mm 「ATX」の縦サイズを縮小して、ほぼ正方形のサイズに。小型のマイクロタワーパソコン向け。
・Flex-ATX	縦244mm × 横191mm 「Micro-ATX」の横サイズを縮小し、さらに小型のPC向けとしたサイズ。
・Mini-ITX	縦170mm × 横170mm 台湾VIAテクノロジーが開発したフォームファクタで、「ATX」とは異なる系譜の規格。より小型のミニPC向けのサイズ。
・Extended-ATX	縦305mm × 横330mm 「ATX」の横幅を拡張した大型「マザーボード」規格。マルチプロセッサ搭載のサーバ・ワークステーションの「マザーボード」向け。

PC用語の表記・読み方

（英）　Micro-ATX
（読み）　マイクロ・エーティーエックス

（英）　Flex-ATX
（読み）　フレックス・エーティーエックス

（英）　Mini-ITX
（読み）　ミニ・アイティーエックス

（英）　Extended-ATX
（読み）　エクステンデッド・エーティーエックス

　上記5つの「マザーボード」規格のうち、「パソコン向け」として現在広く使われているのは、「ATX」「Micro-ATX」「Mini-ITX」の3規格となります。

　3規格の「寸法」および「ネジ穴位置」を図に書き起こすと、次のようになり、**背面I/Oパネル部**を起点に、ネジ穴の位置など共通部分が多いことが分かると思います。

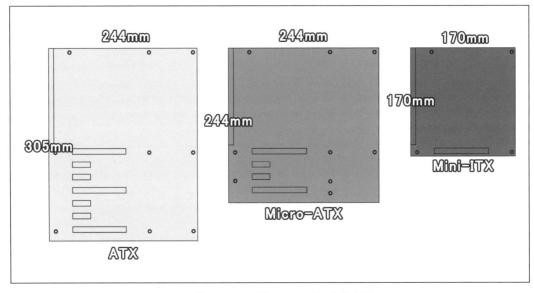

「ATX」「Micro-ATX」「Mini-ITX」の寸法略図

　「マザーボード」のサイズ規格は「後方互換性」が保たれており、基本的に"大は小を兼ねる"ようになっています。

　つまり、「ATX規格PCケース」には、「Micro-ATX」や「Mini-ITX」の「マザーボード」も取り付け可能となっています。

　逆に、当たり前ではありますが、「Micro-ATX規格PCケース」に、より大きい「ATXマザーボード」を取り付けることはできません。

　ただ、「Micro-ATX」には「ATX」に無いネジ穴位置が存在するため、「ATX規格PCケース」に「Micro-ATXマザーボード」を取り付ける際には、PCケース側にネジを受ける「スペーサ」（六角スペーサ）を追加設置する必要があります。

> ※「PCケース」には、予備の「六角スペーサ」が付属しているはずなので、紛失しないように気を付けましょう。

「ATX規格PCケース」に備わる六角スペーサ設置位置
「マザーボード」の「ネジ穴」と同じ位置にある。
「Micro-ATXマザーボード」を取り付ける際は、指定位置に「六角スペーサ」を追加する。

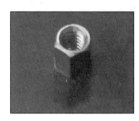

「マザーボード」取り付けの際は、このような「六角スペーサ」を「PCケース」に取り付ける。
「PCケース」に付属している「予備」も無くさないように注意。

同じ「マザーボード規格」でも、サイズが異なるものがある

　「マザーボード」は規格でサイズが定められていますが、規格サイズよりも少し小さい「マザーボード」も存在します。

　特に、廉価版などの安価なマザーボードには、横方向を縮小することでコストダウンを図ったモデルが時折見られます。

フルサイズの「ATXマザーボード」と比較して図のように横方向が小さいマザーボード

幅の狭いATXマザーは取り付けに若干の不安

　このような幅の狭い「ATXマザーボード」は、「PCケース」へ取り付ける際に本来「マザーボード」の右端を支えるはずの「六角スペーサ」まで幅が届かないため、「マザーボード」の右端が微妙に宙に浮いた状態となってしまいます。

　この状態では、電源コネクタの取り付けやメモリの装着など、大きな力が加わる作業をした際に、マザーボードが必要以上に<u>しなる</u>のを実感します。
　あまり乱暴に扱うと故障の原因となる可能性もゼロではなさそうなので、作業時は必要以上に力を入れ過ぎないように注意しましょう。

「電源ユニット」の規格

　家庭用コンセントから取る「AC100V電源」を、パソコン内部で消費する直流電源に変換する装置を「電源ユニット」や「パワーサプライ」と言います。

　「電源ユニット」にも規格があり、各種電源コネクタなどの規格化とともに、電源ユニット自体のサイズを規定した構造の規格化も盛り込まれています。

＊

　電源ユニットの規格もいくつかありますが、現在広く使われているのは、次の3つです。

①**ATX12V**
　もともと、広く使われていた「ATX規格」に、「12V補助電源」が追加されたもの。
　細かいバージョンアップを繰り返しながら、現在主流の規格となっている。

②**EPS12V**
　サーバ・ワークステーション向けの、強化された電源ユニット規格。
　現在は「ATX12V」と「EPS12V」の両方の規格に対応した電源が増えてきている。

③**SFX12V**
　小型パソコン向けの電源ユニット規格。
　「Mini-ITX規格」のキューブ型PCケースなどで用いられることが多い。

　規格のサイズ面に関しては、①「ATX12V」は「幅150mm×高さ86mm×奥行き〜180mm」、②「EPS12V」は「幅150mm×高さ86mm×奥行き〜230mm」、③「SFX12V」は「幅125mm×高さ63.5mm×奥行き100mm」（最もポピュラーなもの、他にもサイズ違い有り）といった具合になっていて、「ATX12V」と「EPS12V」はほぼ同じサイズになっています。

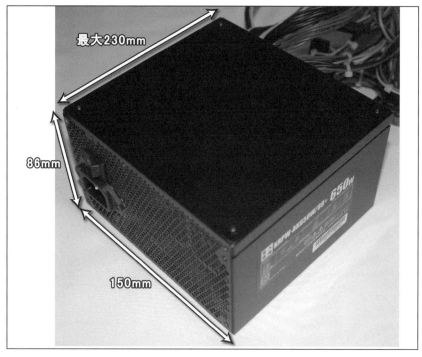

「PCケース」にネジ止めするために、「電源ユニット」の「幅」と「高さ」は厳密に決められているが、奥行きは最大値を超えない範囲で自由に設計できる。

　「電源ユニット」は製品ごとに奥行き方向のサイズ差はけっこうあり、電源容量が大きいものほど奥行きも大きくなる傾向にあります。

　「PCケース」によっては、「電源ユニット」の奥行きが大きいと、配線が難しくなることもあるので、「電源ユニット」を選ぶときは気を付けるといいでしょう。

　　※「電源ユニット」の「コネクタ部分」については、3章で触れているので、参照してください。

One Point 「電源ユニット」は150mm以下が無難？

　「電源ユニット」の大きさ（奥行き）は、特に綺麗な裏配線処理をした自作PCを組み立てたいときに大きな足枷となりかねません。
　「電源ユニット」の平均的な奥行きは「140～150mm」とされており、多くのPCケースはこのサイズを基準に設計されています。
　どうしても外せない拘（こだわ）りがあるのなら別ですが、ここは「長い物には巻かれろ」の精神で、平均サイズの電源ユニットを選択することをオススメします。

PC用語の表記・読み方

(英)　ATX12V
(読み)　エーティーエックスジュウニボルト

(英)　EPS12V
(読み)　イーピーエスジュウニボルト

(英)　SFX12V
(読み)　エスエフエックスジュウニボルト

［補足］　「規格名」に含まれる「12V」は省略して「ATX電源」「EPS電源」「SFX電源」と表現することも多い。
　細かく言えば、「12V」の表記が外れると、「旧規格」のほうを意味してしまうことになるのだが、実用上問題になることはほぼないため、省略されるケースが多いようだ。

2-2 「CPUソケット」の規格

「Intel系CPU」の「CPUソケット規格」

　「Coreプロセッサシリーズ（Core i7-12700Kなど）」「Pentiumシリーズ（Pentium Gold G7400など）」「Celeronシリーズ（Celeron G6900など）」といった、Intel CPUに対応する「マザーボード」には、「LGA○○○○」と名付けられたCPUソケットが搭載されています。
　○○○○の部分にはCPUソケットに備わるピン数がそのまま名称として用いられていて、他世代のCPUソケット規格と見分けられるようになっています。

　「LGA」は「Land Grid Array」の略で、接続ピンがCPU側ではなくCPUソケット側に生えています。CPU側は平坦な電極が備わるだけなので破損の危険性が低い点が特徴です。

　一方で、CPUソケット側のピンは非常に繊細で、モノが少し触れるだけでも簡単に曲がってしまうため、「マザーボード」の取り扱いには少々注意が必要です。

LGA対応CPUの裏側
ピンが生えていないので物理的な破損の心配が少ない。

「LGA1700」のCPUソケット。ピンは非常に繊細。

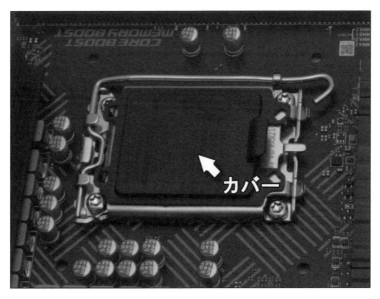

「CPU」を装着していない間、「CPUソケット」には、必ずソケットカバーを取り付けること。
「マザーボード」に同梱されていたソケットカバーは、紛失しないように。

　直近世代の「CPUソケット規格」は、「**LGA1700**」と「**LGA1200**」。
　「**LGA1700**」は「第12世代Coreプロセッサ」、「**LGA1200**」は「第11世代Coreプロセッサ」
「第10世代Coreプロセッサ」で用いられました。

　「CPU」と「CPUソケット規格」は対の関係になっていて、対応するもの同士でなければ装
着することができません。

　さらに、「CPUソケット規格」が適合していても、「チップセットの世代」や「BIOSバージョ
ン」によっては動かないこともあるので、「CPU」と「マザーボード」の組み合わせは、注意深
くチェックする必要があります。

*

　したがって、基本的に「CPU」と「マザーボード」の組み合わせ判断は、「CPUソケット規格」
で決めるのではなく、「チップセット」と「BIOSバージョン」で判断するほうが良いでしょう。
　「チップセット」や「BIOSバージョン」が適合していれば、必然的に「CPUソケット規格」
も適合するからです。

One Point

PC用語の表記・読み方

．．．

（英）　Core i7 12700K
（読み）コアアイセブン・イチマンニセンナナヒャクケー

（英）　Pentium Gold G7400
（読み）ペンティアムゴールド・ジーナナセンヨンヒャク

（英）　Celeron G6900
セレロン・ジーロクセンキュウヒャク

（英）　LGA1700
（読み）エルジーエー・センナナヒャク

[補足] 数字部分の読み方は特に決まっておらず、「LGA1700」を"エルジーエー・イチナナマルマル"と読むこともある。

「AMD系CPU」の「CPUソケット規格」

AMDのCPU・APUである「Ryzenシリーズ」に対応する「マザーボード」には、「Socket AM4」と名付けられた「CPUソケット」が搭載されています。

2017年に「第1世代Ryzen」が登場したときから、AMD系マザーボードの「CPUソケット規格」は、「Socket AM4」のまま変更されていません。

＊

「Socket AM4」は、「PGAタイプ（Pin Grid Array）」のCPUソケットで、CPU側に多数のピンが生えており、CPUソケット側にはピンを受ける多数の穴が空いている、昔ながらの「CPUソケット」の形態です。

＊

取り扱いの際にはCPUのピンを折らないように気を付けたり、「CPUクーラー」を取り外すときには、「CPU本体」が「CPUクーラー」にくっ付いたまま「CPUソケット」から抜けてしまう、通称"CPUスッポン"を起こさないように気を付ける必要があります。

＊

※AMDの次世代プラットフォームは、Intelと同じLGA方式に変わるとの話が出ており、「CPU」や「ソケット」の扱い方は、Intelと同じ感じになると言われています。

AMDの「Ryzenシリーズ」は、CPU側にピンが生えているので、折ってしまわないよう取り扱いに注意。

一方で、「Socket AM4」のCPUソケットは、故障の少ないシンプルな造形。

　また、「Ryzenシリーズ」の登場以後、「CPUソケット規格」が「Socket AM4」から変わっていないということは、最新の「Ryzenプロセッサ」も2017年当時の「旧マザーボード」に装着することが物理的には可能ということを示しています。

　ただし、装着できることと動作することは別の話で、Intel系マザーボードと同じく、「チップセット」や「BIOSバージョン」が適合しなければ「CPU」は動作しません。

※このあたりの組み合わせの詳細は4章でも解説しているので、詳しくはそちらも参照してください。

PC 用語の表記・読み方

- （英）　APU（Accelerated Processing Unit）
- （読み）エーピーユー

- （英）　Ryzen
- （読み）ライゼン

- （英）　Socket AM4
- （読み）ソケット・エーエムフォー

[補足]AMDではグラフィックス機能を内蔵するプロセッサを、CPUと区別してAPUと呼称している。

「CPUの取り付け方向」の判別

「CPU」をマザーボードの「CPUソケット」に装着する瞬間は、自作PCの組み立て工程の中でもトップクラスに緊張する瞬間です。

CPU装着で間違えてはならないのが、「CPU」を「ソケット」に取り付ける向きです。
もし向きを間違えて無理やり取り付けてしまうと、「ソケット」や「CPU」の破損につながることもあります。

■ 「LGA1700」CPUの取り付け方向の調べ方

「LGA1700」対応CPUのパッケージには、上下非対称の位置に2つの「ノッチ」（切り欠き）が掘ってあります。

この「ノッチ」をCPUソケット側の出っ張りに合わせて、しっかりとハマる方向が、正しいCPUの取り付け方向になります。

ノッチ（切り欠き）

CPUパッケージ上下辺に2つずつ「ノッチ」が掘られている

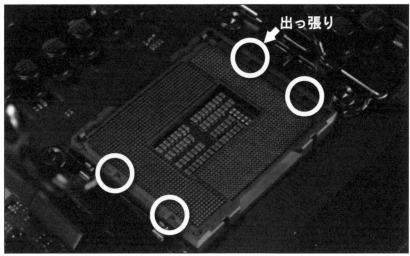

「CPUソケット側」には「ノッチ位置」に合わせた出っ張りがあるので、そこに「ノッチ」がハマる方向で「CPU」を置けばOK。

■「Socket AM4」CPUの取り付け方向の調べ方

「Socket AM4」対応CPUのパッケージには、四隅のうち1つだけに小さな「三角マーク」が刻印されています。

「CPUソケット側」もよく確認すると、四隅のうち1つだけピン穴のパターンが少し異なり、うっすらと「三角マーク」が刻印されている角があります。

CPU側の「三角マーク」とCPUソケット側の「三角マーク」を合わせる方向が、正しいCPU取り付け方向になります。

「CPUパッケージ」の角に「三角マーク」の刻印
裏側（ピン側）のほうが大きい刻印で、分かりやすい。

三角マーク

CPUソケット側にも、1つの角だけピン穴のパターンが異なり「三角マーク」が刻印されているので、そこにCPUの「三角マーク」を合わせる方向でCPUを置く。

One Point　CPU装着に、力を込める動作は、すべてNG

　Intel系、AMD系ともにCPUの取り付け方向が正しければ、ソケット上にCPUをそっと置くだけで"カタン"ときれいにハマってくれます。
　変に斜めになったりした場合は方向を間違えている可能性が高いので、無理矢理に力を込めてハメようとはせず、方向が合っているかどうかしっかり確認しましょう。

2-3　拡張性の規格

メモリの規格

　「メモリ容量」は、パソコンを快適に使う上でもかなり重要なパラメータで、特に「動画編集」や「3DCG作成」などの重たい作業を行なう際には、メモリ容量を増設して臨みたいものです。

■「DDR4 SDRAM」と「DDR5 SDRAM」

　現在、パソコンで使われているメモリは、「DDR3 SDRAM」「DDR4 SDRAM」「DDR5 SDRAM」という3つのメモリ規格に則ったものがほとんどを占め、パソコンにどの規格のメモリを用いるかは「マザーボード」の仕様に従います。

　このうち、「DDR3 SDRAM」は2015年以前のパソコンで用いられていた古い規格なので次第に姿を消しつつあり、「DDR5 SDRAM」は2021年に登場した新しい規格でこれから普及しはじめる段階です。

したって、現在最も広く使われているのは、「DDR4 SDRAM」になります。

「DDR4 SDRAM」と「DDR5 SDRAM」の最大の違いは「転送速度」で、同じメモリクロックであれば、「DDR5 SDRAM」が2倍の転送速度に達します。

ただ、2022年春時点ではまだ「DDR5 SDRAM」の2倍の転送速度を活かせる環境が整っておらず(メモリーコントローラ性能や、マザーボード周りなど)、規格の本領を発揮できていない状況です。

それでいて、「DDR5 SDRAM」のメモリはコスト増で高価なため、安価に大容量を搭載できる「DDR4 SDRAM」の人気がまだまだ高いのが現状です。

表2-1　「DDR4 SDRAM」と「DDR5 SDRAM」の違い

	DDR4 SDRAM	DDR5 SDRAM
長所	・安価 ・選択肢が豊富	・高い転送速度
短所	・高速なメモリは相応に高価 ・もうすぐ世代交代となる	・高価 ・高速性を活かせる環境が整っておらずDDR4 SDRAMとの性能差があまりない
総括	・安価に大容量メモリを搭載したいのならコチラ！	・規格としての伸びしろはまだまだある ・現時点で最高性能なのは間違いない ・将来的にもっと上位規格の価格が安定してからで良いかも？

「DDR5 SDRAM」対応の「PRO Z690-A」(MSI)
Intel 第12世代 Core プロセッサ対応の「DDR5 SDRAM」仕様「マザーボード」。

「DDR4 SDRAM」対応の「PRO Z690-P DDR4」(MSI)
Intel第12世代Coreプロセッサは「DDR4 SDRAM」にも対応するので、ほぼ同仕様で
「DDR4 SDRAM」仕様の「マザーボード」を展開しているメーカーもある。
どちらを選択するかはユーザー次第。

「DDR4 SDRAM」対応の「X570 PG Velocita」(ASRock)
AMDプラットフォームは現在「DDR4 SDRAM」対応のみ。
次世代プロセッサより「DDR5 SDRAM」対応予定。

PC用語の表記・読み方

....

（英）　DDR4 SDRAM（Double Data Rate Synchronous Dynamic Random Access Memory）

（読み）ディーディーアールフォー・エスディーラム

（英）　DDR5 SDRAM（Double Data Rate Synchronous Dynamic Random Access Memory）

（読み）ディーディーアールファイブ・エスディーラム

[補足]「DDR（Double Data Rate）」は、クロック信号の立ち上がりと立ち下がりの両方のタイミングでデータ転送を行なう（＝クロックの2倍の転送を行なう）方式であることからきている。また単純に「DDR4メモリ」「DDR5メモリ」と呼ぶことも多い。

■ 「DDR4 SDRAM」の規格と転送速度

　「メモリ」は転送速度ごとに細かく規格が定められており、「マザーボード」の仕様書には、どの転送速度のメモリ規格まで対応しているかなどが記載されています。

　その記載をもとに、対応する規格のメモリを購入すれば、問題なく使えるというわけです。

　ここでは、現在広く使用されている「DDR4 SDRAM」の中から、よく用いられているメモリ規格一覧を記載します。

表2-2 「DDR4 SDRAM」規格一覧

チップ規格	モジュール規格	転送速度	JEDEC規格
DDR4-2133	PC4-17000	17GB/s	○
DDR4-2400	PC4-19200	19.2GB/s	○
DDR4-2666	PC4-21333	21.3GB/s	○
DDR4-2933	PC4-23466	23.4GB/s	○
DDR4-3200	PC4-25600	25.6GB/s	○
DDR4-3600	PC4-28800	28.8GB/s	
DDR4-4000	PC4-32000	32GB/s	

参考

チップ規格	モジュール規格	転送速度	JEDEC規格
DDR5-4800	PC5-38400	38.4GB/s	○
DDR5-5600	PC5-44800	44.8GB/s	○

　「チップ規格」はメモリチップ1枚1枚に対する規格で、「モジュール規格」は複数枚のメモリチップを搭載した1枚のメモリモジュール全体にかかる規格となります。

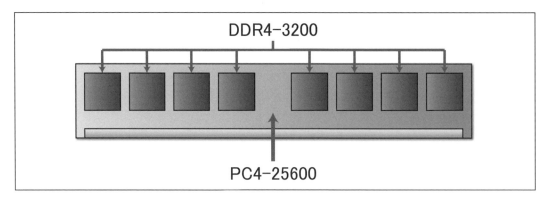

DDR4-3200

PC4-25600

「チップ規格」と「モジュール規格」の関係

　「JEDEC規格」は、半導体業界を代表する標準化団体「JEDEC」にて仕様がサポートされ
ているメモリ規格で、JEDEC規格に則った仕様のメモリは「JEDEC準拠メモリ」と呼ばれ、
パソコン側で特に設定をいじらなくても規格どおりの性能を発揮するメモリになります。

　逆に、「JEDEC準拠」ではないメモリの場合、BIOS設定でメモリの項目を弄らなければ規
格どおりの性能を発揮しません。このようなメモリは一般的に「オーバークロックメモリ」と
呼ばれます。

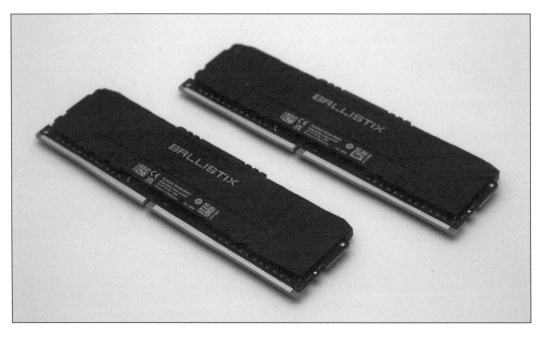

ヒートシンク付きのメモリは、多くの場合「オーバークロックメモリ」

PC用語の表記・読み方

（英）　DDR4-3200

（読み）ディーディーアールフォー・サンゼンニヒャク

（英）　PC4-25600

（読み）ピーシーフォー・ニマンゴセンロッピャク

（英）　JEDEC（Joint Electron Device Engineering Council）

（読み）ジェイイーデック

[補足]メモリの性能などを言い表わすときは、「DDR4-3200 16GBメモリ」といった具合に、チップ規格の「DDR4-3200」を使うことが多い。

　モジュール規格の「PC4-25600」のほうは数字も覚えにくく、使うことは滅多にないだろう。

PCI Express

　「PCI Express」は、パソコン内部でのデータ受け渡しに使う、「高速シリアル転送インターフェイス規格」です。

　2002年に規格策定された「PCI Express」は、現在さまざまなコンピュータの内部データ転送規格として標準的に用いられています。

■ レーン単位で転送速度を増やす方式

　「PCI Express」は少ない信号線でデータの受け渡しを行なうシリアル転送方式を採用するインターフェイスです。

　データの「送信/受信」を行なうそれぞれの信号線を1セットとした、双方向のデータ転送セットを「1レーン」とし、複数のレーンを束ねることでデータ転送速度をどんどん向上させていく仕組みになっています。

　1レーン分の転送を「PCI Express x1」、4レーン分を「PCI Express x4」、16レーン分を「PCI Express x16」といった形で表記するようになっています。

■ 1レーンあたりの転送速度はリビジョンで決まる

　「PCI Express」の転送速度は、"1レーン分の転送速度×束ねるレーン数"で決まりますが、大元の「1レーンあたりの転送速度」は「PCI Expressのリビジョン（世代）」によって決まります。

　「PCI Express」は規格策定以後、定期的にリビジョンアップしており、2022年春現在で「PCI Express 6.0」まで規格策定されています。

　「リビジョン」が上がるごとに1レーンあたりの転送速度は倍加していて、初期の「PCI Express 1.1 x1」の実効転送速度「0.5GB/s」が、倍々に増えて「PCI Express 6.0 x1」では「15.13GB/s」にまで向上しています(転送時のオーバーヘッドのため厳密に倍々ではない)。

　リビジョンが上がると、同じレーン数で転送速度が倍になる、もしくは半分のレーン数で同じ転送速度を実現できることになるので、パソコンが対応する「PCI Express」のリビジョンはとても大事になります。
　「PCI Express」のリビジョンは、搭載するCPUの仕様および「マザーボード」のチップセットの仕様で決まります。

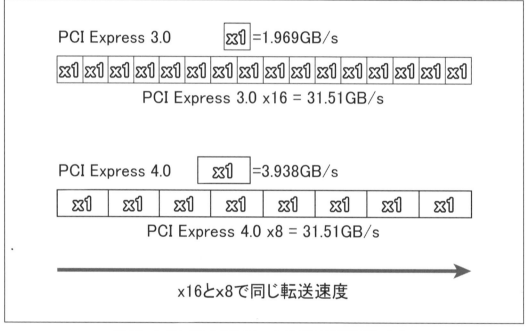

PCI Express 3.0　x1 =1.969GB/s

PCI Express 3.0 x16 = 31.51GB/s

PCI Express 4.0　x1 =3.938GB/s

PCI Express 4.0 x8 = 31.51GB/s

x16とx8で同じ転送速度

リビジョンが上がると半分のレーン数で同じ転送速度になる。

One Point　PC用語の表記・読み方

（英）　PCI Express（Peripheral Component Interconnect Express）
（読み）ピーシーアイ・エクスプレス

（英）　PCI Express 4.0 x16
（読み）ピーシーアイ・エクスプレス　ヨンテンレイ　カケジュウロク

［補足］「PCI Express」のリビジョンは、「PCI Express Gen4」といった具合に、Generation（世代）で表記されることも多い。また、「PCI Express」を「PCIe」と略記することも多い。

■「PCI Express」を拡張スロットに

「PCI Express」を拡張カードとの接続に用いるために規格化されたものが「PCI Express スロット」です。

「PCI Express スロット」は、使用するレーン数別に大きさが異なるものが規格化されています。

・PCI Express x1スロット
・PCI Express x4スロット
・PCI Experss x8スロット
・PCI Express x16スロット

といった拡張スロットが規格化されていて、転送速度などは前述した法則に当てはまります。

※「PCI Express スロット」については3章でも触れているので、詳しくはそちらを参照してください。

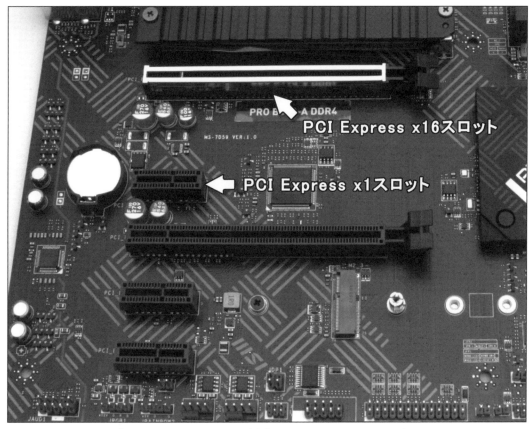

「PCI Express x1スロット」と「PCI Express x16スロット」で
構成される、一般的なマザーボードの拡張スロット。

SATA

「SATA（Serial ATA）」は、「HDD」や「SSD」、「光学ドライブ」などの**ストレージを接続する**ためのインターフェイス規格です。

「3.5インチHDD」や「2.5インチSSD」の接続に「SATA」を用いる

「SATA」は、最大転送速度ごとに「リビジョン」が分かれているのですが、よく用いられる規格の名称が4種類ほど存在するため、ときどきごちゃごちゃになってしまうことがあるので、気を付けましょう。

表2-3　「SATA」で用いられている4種類の名称と、その最大転送速度

名称1	名称2	名称3	名称4	最大転送速度
SATA 1.0	SATA I	SATA 1.5Gbps	SATA 150	150MB/s
SATA 2.0	SATA II	SATA 3Gbps	SATA 300	300MB/s
SATA 3.0	SATA III	SATA 6Gbps	SATA 600	600MB/s

ただ、現在の「マザーボード」に搭載される「SATA」は基本的に最新の「SATA 3.0」のみなので、古いリビジョンについて考慮する必要は無くなってきていると言えるでしょう。

One Point　PC用語の表記・読み方

（英）　SATA（Serial ATA）
（読み）サタ（シリアルエーティーエー）

USBインターフェイス

「USB」は、最も基本的な、**周辺機器拡張用インターフェイス**です。

マザーボード上には、背面I/Oパネルの「USB Type-A/Cポート」や、前面I/Oパネル接続用コネクタといった形で、「USBインターフェイス」が実装されています。

「USB」のポートやコネクタについては**3章**で触れていますので、詳しくはそちらを参照してください。

■ USBのバージョン

「USB」は、周辺機器の拡張方法を統一するために規格策定されたインターフェイスで、周辺機器の取り付けがとても簡単で分かりやすいのが特徴でした。

ところが、規格のバージョンアップを繰り返し、最大転送速度が「10Gbps」に達したあたりから規格の乱立と焼き直しが発生してしまい、とても分かりにくい事態となってしまいました。

ここでは「USB」の各規格ごとの最大転送速度の違いを表にまとめたので、参考にしてみてください。

表2-4　「USB」の各規格と最大転送速度

USBバージョン	規格名	最大転送速度	電力供給能力 (1ポートあたり)"	
1.0	USB 1.0	1.5Mbps	5V/500mA	
		12Mbps		
1.1	USB 1.1	1.5Mbps	5V/500mA	
		12Mbps		
2.0	USB 2.0	480Mbps	5V/500mA	
3.0	USB 3.0	5Gbps	5V/900mA	※
3.1	USB 3.1 Gen1	5Gbps	5V/900mA(Type-A) 最大5V/3A(Type-C)	※
	USB 3.1 Gen2	10Gbps		※※
3.2	USB 3.2 Gen1	5Gbps	5V/900mA(Type-A) 最大5V/3A(Type-C)	※
	USB 3.2 Gen2	10Gbps		※※
	USB 3.2 Gen2x2	20Gbps		
4	USB4 Gen2	10Gbps	5V/1.5A以上(Type-C)	
	USB4 Gen2x2	20Gbps		
	USB4 Gen3	20Gbps		
	USB4 Gen3x2	40Gbps		
			※、※※はそれぞれ同じ仕様	

とりあえず押さえておきたい3つのポイント

①最大転送速度「5Gbps」の「USB 3.0」「USB 3.1 Gen1」「USB 3.2 Gen1」は、すべて同じもの。

②最大転送速度「10Gbps」までは「Type-A ポート」と「Type-C ポート」どちらでもOK。ただし「10Gbps」対応ケーブルは必須。

③最大転送速度「20Gbps」以上は「Type-C ポート」専用。ケーブルも専用品を用意する必要あり。

 PC用語の表記・読み方

（英）　USB（Universal Serial Bus）

（読み）ユーエスビー（ユニバーサル・シリアルバス）

（英）　USB 3.2 Gen2x2

（読み）ユーエスビーサンテンニ・ジェンツーバイツー

第3章

マザーボードの「コネクタ」や「スロット」

マザーボード上には、数多くの「コネクタ」や「スロット」が備わっています。
本章では、それらの「コネクタ」や「スロット」の"用途"や、"使用時の注意点"などに触れていきます。

3-1　電源コネクタ

「24ピンメインATX」電源コネクタ

■ マザーボード自体への電力供給

　「マザーボード」の「メイン電源コネクタ」は、2×12列の24ピン構成の「24ピンメインATX電源コネクタ」です。

　この「電源コネクタ」から、「マザーボード」自体を駆動する「電力」や「メモリ」「拡張スロット」などへ供給する「電力」を受けます。

マザーボード上の「24ピンメインATX電源コネクタ」

ケーブル側のコネクタは「20＋4」ピンに分かれているのが一般的。

しっかりと1つに合体させてから挿し込むように

■「電源コネクタ」が固くて抜けないときは

　また、「24ピンメインATX電源コネクタ」は、取り外す際にとても固く、指先が痛くなって、抜きにくい場合があります。

　素手でコネクタを抜くのが難しい場合は、静電気防止手袋で指先を保護し、ゆっくり力をかけて、静かに引き抜くようにするといいでしょう。

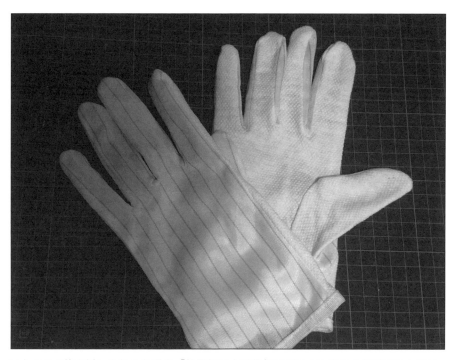

コネクタの抜き挿しを行なう場合、「静電気防止手袋」を用意して、指先を保護すると良い。

CPU補助電源コネクタ

■ CPUの消費電力に合わせてピン数が変わる

　「CPUソケット」の近くにある「電源コネクタ」を、「CPU補助電源コネクタ」と言います。
　「マザーボード」の「24ピンメインATX電源コネクタ」とは別に、「CPU駆動」のためだけに電力を供給するコネクタです。
　「ATX12Vコネクタ」とか「EPS12Vコネクタ」とも呼ばれます。

＊

　「CPU補助電源コネクタ」は、「マザーボード」によって「ピン数」が異なり、「ピン数」が多いほど大きな電力を供給できます。

・4ピンタイプ

　「省電力CPU」の使用を前提とした、メーカー PC などで用いられることの多い電源コネクタ。自作PC向けのマザーボードではあまり見掛けなくなった。

・8ピンタイプ

　主流タイプ。ケーブル側のコネクタは「4+4」ピン構成のものが多い。

・8+4ピンタイプ

　以前は「ハイエンド・マザーボード」によく見られていたコネクタだが、昨今のCPU消費電力の大幅増加に伴い、エントリー向けのマザーボードでも見られるようになった電源コネクタ。

・8+8ピンタイプ

　現行の「ハイエンド・マザーボード」でよく見られるようになった。
　特に消費電力の大きい、「ハイエンドCPU」の「オーバークロック」にも対応できる電源コネクタ。

「8+4」ピンタイプの「CPU補助電源コネクタ」

ケーブル側のコネクタは「4+4」ピンで「8ピン」とするものや、
最初から「8ピン」になっているものなど、さまざま。

 PC用語の表記・読み方

・・

（英）　ATX12V

（読み）エーティーエックス・ジュウニボルト

（英）　EPS12V

（読み）イーピーエス・ジュウニボルト

[補足]4ピンの「CPU補助電源コネクタ」が「ATX12V」、8ピンが「EPS12V」と呼ばれる。

 通常の運用なら「8ピン×1」のみの接続でOKな場合が多い

・・

　マザーボード側の「CPU補助電源コネクタ」が「8+4」ピン仕様や「8+8」ピン仕様なのに、「電源ユニット」からの「CPU補助電源コネクタ」が「4+4」ピンの「8ピン分」しかなくて困った事態になることがあるかもしれません。

　このような場合、上位CPUをオーバークロックで使うような特殊な運用をしなければ、「CPU補助電源コネクタ」は「8ピン×1」のみで電力供給は間に合うケースがほとんどです（「8ピン×1」で最大「300W」程度は供給できる模様）。

　残りの「4ピン」なり「8ピン」の「CPU補助電源コネクタ」は空いたままでも問題ありません。

　ただ、電源ユニットの仕様にも絡みますが、電源ユニットからちゃんと「8+8」ピンなり「8+4」ピンの「CPU補助電源コネクタ」が取り出せるのであれば、オーバークロック運用しない場合であっても、マザーボード上の「CPU補助電源コネクタ」はしっかりと全部埋めるようにしたほうがいいでしょう。

3-2 メモリ・スロット

メモリ・スロットの基礎知識

■ 基本は「2枚1組」

　マザーボードにメモリを装着する場合、同容量のメモリを「2枚1組」で装着していくのが基本となります。

　「2枚1組」で装着すると、「デュアルチャネル動作」という動作モードになり、メモリの転送速度が「2倍」になるためです。

　販売されているメモリも、「2枚1組」でセット販売されているものが多いので、そのようなパッケージを購入するといいでしょう。

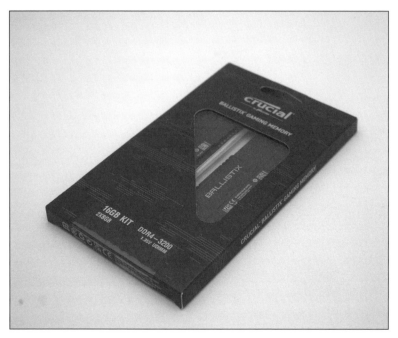

「2枚1組」で販売されるメモリ

■ メモリ・スロットの装着順法則

　4基の「メモリ・スロット」を備えるマザーボードの場合、「2枚1組」の「メモリ」を、どの「メモリ・スロット」に装着するかが重要です。

　「メモリ・スロット」の装着順は、次の法則に当てはまるケースがほとんどなので、憶えておきましょう。

《メモリ・スロットの装着順》

・「メモリ・スロット」は、1つ飛び同士が「デュアルチャネル動作」のペアになる。
・「メモリ・スロット」は、「CPUソケット」の反対側から使う。

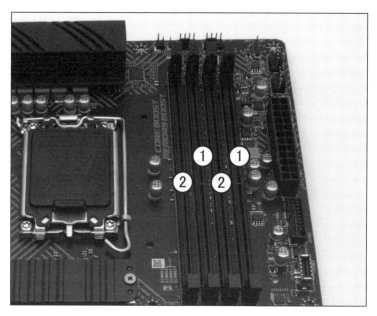

「メモリ・スロット」は、まず①のペアを使用、増設時に②のペアを使用。

　多くのマザーボードで上記の法則が当てはまりますが、100%というわけではないので、最終的にはマニュアルでの確認を推奨します。

■「メモリ・スロット2基」のマザーボードの注意点

　特に低価格帯のマザーボードの場合、「メモリ・スロット」が2基しかないモデルも多く見受けられます。

　このような「マザーボード」の場合、予算を抑えるはずが後々のメモリ増設の自由度を勘案すると、あまりお得ではない場合もあるので注意が必要です。

＊

どういうことか解説しましょう。

メモリは基本「2枚1組」で扱うのは前述のとおりです。

　したがって、メモリ・スロットが2基しかないマザーボードでは、最初に装着した2枚のメモリで「メモリ・スロット」はすでに満杯となっているため、メモリ容量を増やすためにはより高価で大容量なメモリに"全交換"するしかありません。

　すなわち、最初に搭載していた2枚のメモリは無駄になってしまうのです。

　一方で、「メモリ・スロット」が4基の場合は、空いている「メモリ・スロット」に増設すればいいので、最初に搭載していた2枚のメモリも活かすことができます。

　つまり、増設時のコストを抑えられるわけです。

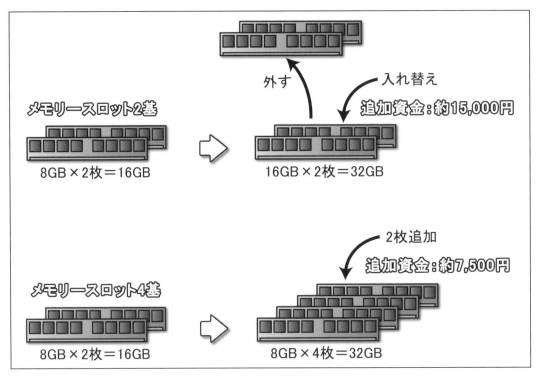

メモリ・スロットが、「2基」と「4基」でのメモリ増設時のコスト比較

　交換して余ったメモリを中古で売ることもできますが、もちろん新品の値段では売れません
んし、手間もかかります。

　そう考えると、「メモリ・スロット2基」のマザーボードを使う場合は、後々メモリ増設をし
なくてもいいように、最初から余裕のある容量を搭載しておくほうが良いと言えます。

「メモリ・スロット」の構造

■ メモリの表裏確認は「スロットの出っ張り」で

　「メモリ・スロット」の端子部分には「出っ張りが付いており、これを「メモリ側の端子部
分」にある「ノッチ」と噛み合わせることで、「メモリ装着時の表裏を間違えない」ような仕様
になっています。

　また、この「出っ張り」の位置は「DDR4メモリ」と「DDR5メモリ」でも異なるので、間違っ
たメモリを挿してしまうこともありません。

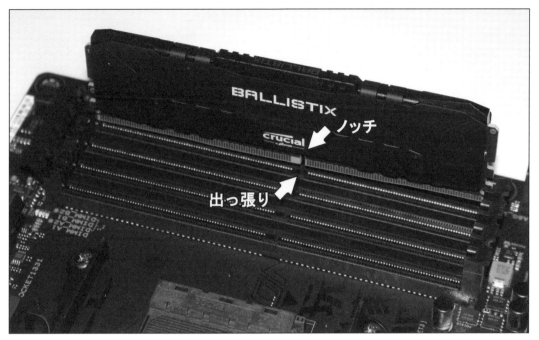

「出っ張り」と「ノッチ」が噛み合う向きで装着

■ メモリの装着はラッチが閉じるまで

「メモリ・スロット」のサイドには、メモリを固定し、また外すための「ラッチ」という機構が備わっています。

片方のサイドにしか「ラッチ」が無い場合を、「片ラッチ」とも言います。

*

メモリ装着時は、いったん「ラッチ」を開いてから「メモリ」を「スロット」へしっかり挿し込むことで、「ラッチ」が自動的に固定位置に戻るようになっています。

「ラッチ」が固定位置に戻るまで挿し込まないと、接触不良で正しく動かない事態にもなるので、しっかりと確認したい項目です。

ただ、ときどき、最後まで挿し込めているのに「ラッチ」が固定位置に戻らないことがあります。

それに気付かず力を入れ続けていると、「メモリ・スロット」を破壊してしまう危険性もあるので、何かヘンだなと思ったら、「ラッチ」を手動で固定位置に動かしてみましょう。

それで固定位置にハマるようなら、メモリはしっかりと装着できていることになります。

「メモリ・スロット」両端の「ラッチ」が、「メモリ」にしっかり引っ掛かっていればOK

3-3 拡張スロット

「PCI Expressスロット」の基礎知識

■ マザーボードには、最大7基の「PCI Expressスロット」

現在、パソコンの「拡張カード増設インターフェイス」は、ほぼ「PCI Expressスロット」で統一されています。

マザーボード上には何基かの「PCI Expressスロット」が並んでおり、その最大数はマザーボードのサイズによって決まっています。

・ATX規格マザーボード　　　　最大7基
・Micro-ATX規格マザーボード　最大4基
・Mini-ITX規格マザーボード　　最大1基

■ 大は小を兼ねる「PCI Expressスロット」

「PCI Expressスロット」は、データ転送に用いるレーン数に応じて、拡張スロットの大きさが変化するという特徴があります。

・PCI Express x1スロット
・PCI Express x4スロット
・PCI Experss x8スロット
・PCI Express x16スロット

　以上4種類の大きさのスロットが規格化されていますが、現在は「PCI Express x1スロット」と「PCI Express x16スロット」の2種類のみで構成されたマザーボードが大半を占めています。

　一方で、拡張カードのほうは「PCI Express x4」対応などの、中間サイズのものが現在でも普通に販売されています。

　なぜこの状況が許されているかというと、「PCI Expressスロット」は少ないレーン数の拡張カードをより大きなスロットへ挿しても問題無く動作するという、"大は小を兼ねる"仕様になっているからです。

　たとえば、「PCI Express x4」対応の拡張カードであれば、「PCI Express x16スロット」に装着すればOKです。

小さな「PCI Express x1」の拡張カードを、大きな「PCI Express x16スロット」に接続しても、問題なく動作する。

「PCI Expressスロット」の注意点

■ ダミーの「PCI Express x16スロット」

　複数の「PCI Express x16スロット」を搭載するマザーボードは珍しくありませんが、多くの場合、「PCI Express x16スロット」のフルスペックが発揮できるスロットは、「CPUソケット」に最も近い1基だけに限られます。

　その他の「PCI Express x16スロット」は、形状こそ「PCI Express x16」であっても、信号線が「PCI Express x4」相当までしか配線されていないものが一般的です。

　「マザーボード」の仕様書などに「PCI Express 3.0 x16スロット（x4動作）」という具合に記載されているものが該当します。

　本当に高速性が求められるビデオカードなどを誤ってそのような「PCI Express x16スロット」に取り付けてしまうと、本来の性能が発揮されないので、注意が必要です。

　2段目以降の「PCI Express x16スロット」は、「PCI Express x4」以下の拡張カードのためのスロットと考えていいでしょう。

スロットの端子部分を覗き込むと、信号ピンが途中までしか
配置されていない、"ガワだけ"「PCI Express x16スロット」

■「PCI Express x16スロット」の金属補強

　昨今、「PCI Express x16スロット」を金属板で補強しているマザーボードが増えてきました。
　これは、重さ1kgを超えることも珍しくなくなった「ビデオカード」を支えるための処置となっています。

　スロットの金属補強が施されていない古いマザーボードに、最近の重量級「ビデオカード」を装着すると、スロット自体が重みに耐えられずモゲてしまうこともあるので、気を付けましょう。

金属補強有り(上)と、無し(下)の違い

■「PCI Express x16スロット」のロック機構に要注意

　「PCI Express x16スロット」には、装着した拡張カードをしっかり固定するための「ロック機構」が備わっています。
　この「ロック機構」が、「ビデオカード」を取り外す際に牙を向いてきます。

　本来、パソコンの運搬中などに「ビデオカード」が誤って脱落するのを防ぐためガッチリと固定する機構なので、ちょっとやそっとではビクともしません。
　この「ロック機構」の存在を忘れて、思いっきり力を入れて無理やり外そうとした結果、「PCI Express x16スロット」を破壊してしまった失敗例は、枚挙にいとまがないです。

＊

　結局、「ビデオカード」を取り外すには、まず「ロック機構」を外す必要があるのですが、さまざまなパーツを組み込んだ「PCケース」の中では、場所的に「ロック機構」の位置まで指先が届かないことも珍しくありません。

　そんなときに重宝するアイテムが、「割り箸」です。
　「割り箸」を隙間に差し込んで「ロック機構」を外せば、拍子抜けするくらい簡単に「ビデオカード」を取り外せるでしょう。

スロット端のレバーが「ロック機構」

込み入っているPCケースの場合は、隙間に割り箸を差し込んで「ロック機構」を動かす。

割り箸は、「PCパーツ」とぶつかっても傷を与える心配がないので、メンテナンスの際に重宝するアイテム。

3-4 ストレージ系

M.2スロット

■「高速SSD」を搭載できるスロット

「M.2スロット」は拡張カードスロットの一種で、内部増設用に小型化された「PCI Expressスロット」と考えてもいいでしょう。

（厳密には「SATA 3.0」や「USB」のバス方式にも対応するので、少し異なります）。

　「M.2スロット」はさまざまな用途に使えますが、現在はもっぱら「高速SSD」を装着するためのスロットとして活用される機会が多く、「M.2スロット」へ装着する「高速SSD」を「M.2 NVMe SSD」と呼びます。

　「M.2スロット」は、「PCI Express x4」相当の転送速度を利用できるので、特にパソコンが「PCI Express 4.0」に対応しているのならば、ストレージで最大約7.8GB/sの転送速度を出すことが可能です。

＊

　現在は、「M.2 NVMe SSD」を装着するための「M.2スロット」を、より多く備えるマザーボードが重宝されています。

マザーボード上の「M.2スロット」

転送速度に優れた「M.2 NVMe SSD」

PC用語の表記・読み方

（英）　M.2

（読み）エムドットツー

（英）　M.2 NVMe SSD（M.2 Non-Volatile Memory express SSD）

（読み）エムドットツー・エヌブイエムイー・エスエスディー

■ さまざまな大きさが規格化されている「M.2」

　「M.2スロット」に装着する拡張カードは、さまざまな大きさのものが規格化されており、その中でも、次のサイズが広く用いられています。

・M.2 Type2280	幅22mm×長さ80mm
・M.2 Type2260	幅22mm×長さ60mm
・M.2 Type2242	幅22mm×長さ42mm

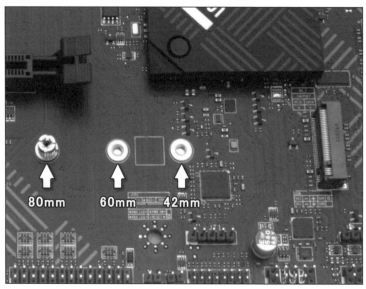

マザーボード上の「M.2スロット」には、取り付ける「M.2拡張カード」の長さに合わせて適宜「スペーサ」を取り付けるための穴が、「80mm」「60mm」「42mm」の位置に用意されている。

■「M.2 SATA SSD」の装着には要注意

　「M.2スロット」は、もともと「SATA 3.0」のインターフェイスも内包する規格だったので、「M.2 SATA SSD」という「SATA仕様」の「M.2 SSD」も存在します。

　ただ、昨今のマザーボードは、3スロットある「M.2スロット」のうち、「SATA」に対応するのは1スロットのみといった仕様が増えてきているので、"空いている「M.2スロット」に「M.2

SATA SSD」を装着してみたけど動かない"といったトラブルが起きる可能性が高くなってきています。

「M.2 NVMe SSD」の価格が下がり、性能で劣る「M.2 SATA SSD」を選択する意味も薄れていますが、もし「M.2 SATA SSD」を使用する機会があるときは注意しましょう。

端子部分の「ノッチ」に違いがある「M.2 NVMe SSD」と「M.2 SATA SSD」>

■ ミドルクラス以上のマザーボードには、標準搭載が増えてきた「M.2ヒートシンク」

高速な「M.2 NVMe SSD」を安定して運用するためには、「M.2 NVMe SSD」を冷やすための「M.2ヒートシンク」が不可欠です。

昨今、ミドルクラス以上のマザーボードでは、「M.2ヒートシンク」の標準搭載化が進んできましたが、ミドルクラス以下では「M.2ヒートシンク」の有無はまだバラバラで、製品差別化要素の1つになっています。

しかし、必ず必要になるパーツなので、"M.2ヒートシンクの有無"を、マザーボード選定のポイントにするのも有りでしょう。

「ROG STRIX B660-F GAMING WIFI」(ASUS)
大きな2本の「M.2ヒートシンク」を標準搭載する。

マザーボードに「M.2ヒートシンク」が無い場合は、このようなヒートシンクを別途用意する。
1,000円程の出費だが、避けられればそれに越したことは無い。

「M.2スロット」の"排他仕様"に注意

　「M.2スロット」を多数備えるマザーボードの中には、特定の「PCI Expressスロット」と「M.2
スロット」を同時に利用できない、"排他仕様"を抱える製品もあります。

　「M.2 NVMe SSD」と「拡張カード」を増設しまくると、この"排他仕様"に遭遇してしまうの
で、その前にマザーボードのマニュアルや仕様をよく確認するようにしましょう。

SATAポート

■「マザーボード」によって拡張性に差が出る「SATAポート」

「SATAポート」は、「HDD」や「2.5インチSSD」、「光学ドライブ」を内部増設するためのコネクタです。

「HDD/SSD」1台につき1つの「SATAポート」が必要になるので、「SATAポートのポート数」＝「内部増設できるHDD/SSDの台数」と考えていいでしょう。

「SATAポート」は、「チップセット」によって大まかに「搭載数」が決まるようになっていて、少ないもので「4ポート」、多いもので「8ポート」搭載しています。

ミドルクラス以下のマザーボードは、「SATAポート」が少なめ。

 One Point　「SATAポート」でも"排他仕様"に注意

　「SATAポート」に関しても、特定の「M.2スロット」を使うと、使用できる「SATAポート」が減る、"排他仕様"を抱える「マザーボード」が少なくありません。

「M.2 NVMe SSD」を増設したら、今まで使っていたHDDが識別されなくなった……、といったケースが発生したら、「排他仕様」を疑いましょう。

HDDを別の空いている「SATAポート」に接続し直すことで解決できるかもしれません。

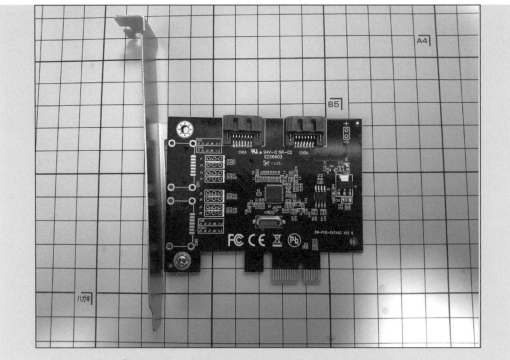

「SATAポート」が減ったら増設で解決するという手段も

3-5 ファンコネクタ

ファンの回転数を制御可能な「ファンコネクタ」

■ マザーボード側の「4ピン・ファンコネクタ」

マザーボード上には、「CPUクーラー」や「ケースファン」を駆動するための「ファンコネクタ」が複数備わっています。

現行、マザーボードに備わる「ファンコネクタ」は、おおむね「4ピン・ファンコネクタ」で、「PWM制御」による回転数制御に対応する「ファンコネクタ」です。

基本的に、デフォルト設定で「CPU温度」に追従して、「ファンの回転数」が制御されます。

マザーボード側の「4ピン・ファンコネクタ」
挿す向きを間違えないように、「ツメ」が付いている。

「CPUクーラー」は、基本「4ピン・ファンコネクタ」を使用
何も設定しなくても、「CPU温度」に追従して回転数を変動させるのがデフォルトとなっている。

PC用語の表記・読み方

（英）　PWM（Pulse Width Modulation）

（読み）ピーダブリューエム

[補足]直訳は、「パルス幅変調」。

　「制御信号」の「オン／オフ」の長さを調整し、その長さを「ファン回転数」の割合（0～100％）に適用させている。

■ ファン側の「ファンコネクタ」の種類

　一方で、ファン側の「ファンコネクタ」には「3ピン・ファンコネクタ」と「4ピン・ファンコネクタ」があります。

　どちらも、「電力供給」と「回転数検知」の「ピンアサイン」は同じで、違いは増えた「1ピンぶん」での「PWM制御」に対応するか否かという点のみです。

　そのため、「3ピン・ファンコネクタ」と「4ピン・ファンコネクタ」には互換性があり、マザーボード側の「4ピン・ファンコネクタ」にファン側の「3ピン・ファンコネクタ」を接続しても問題ありません。

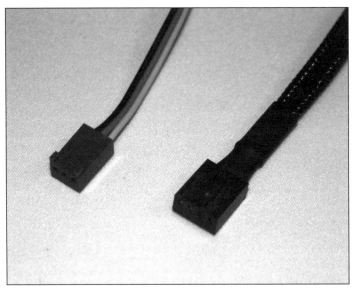

「3ピン・ファンコネクタ」（左）と「4ピン・ファンコネクタ」（右）

マザーボードへは、「4ピン」(右)はもちろんのこと、「3ピン」(左)を接続してもOK

　「3ピン・ファンコネクタ」と「4ピン・ファンコネクタ」、それぞれの「ファンコネクタ」の特徴をまとめてみました。

表3-1 「3ピン・ファンコネクタ」と「4ピン・ファンコネクタ」の違い

	3ピンファンコネクタ	4ピンファンコネクタ
駆動電圧	12V	12V
回転数検知	○	○
回転数制御	△ (電圧制御)	○ (PWM制御)

　大きな違いは、やはり「回転数制御」の部分になります。
　「3ピン・ファンコネクタ」でも一応「回転数制御」は可能で、ほとんどの現行「マザーボード」は「ファンコネクタ」に「3ピン・ファンコネクタ」が接続されると自動的に「電圧制御モード」へと切り替わるようになっているので、ユーザーがモードの切り替えを意識する必要はなく、普通に「回転数制御」できるようになっています。
＊
　ただ、「電圧」による「回転数制御」は、"「低回転時」(低電圧時)のファン動作が安定しない"といったデメリットもあるので、極力「4ピン・ファンコネクタ」をもつファンを使用したいところです。

ファンコネクタ使用時のポイント

■ 3つに分けられるファンの用途

　「マザーボード」上の「ファンコネクタ」は、コネクタごとに大きく3つに分けて用途を明確化しています。

・**CPUファン**

　「空冷CPUクーラー」の「ファン」や「水冷ラジエータ」のファンに使用。

　マザーボード上の印刷には、「CPU_FAN」など記載。

・**水冷ポンプ**

　「水冷クーラー」のポンプ駆動に使用。

　マザーボード上の印刷には、「W_PUMP」や「AIO_PUMP」など記載。

・**ケースファン**

　PCケースに取り付ける吸排気用のファンに使用。

　「マザーボード」上の印刷には「SYS_FAN」や「CHA_FAN」など記載。

　実際のところは特定用途のファン設置場所に近いであろう「ファンコネクタ」に用途を割り振っているだけなので、基本的にどの「ファンコネクタ」にどの用途のファンを接続しても動作自体は可能です。

　ただし、次のような注意点もあるので、できるだけ指定の「ファンコネクタ」を用途どおりに使うのがよいでしょう。

・「CPUファン」が未接続だと「エラーメッセージ」が出る場合がある。

・「水冷ポンプ」は他のファンより「高回転」かつ「回転数固定」での運用が望ましいので、
　分かりやすく専用のコネクタにつなぎたい。

 One Point　PC用語の表記・読み方

（英）　W_PUMP（Water PUMP）

（読み）ウォーターポンプ

（英）　AIO_PUMP（All in One PUMP）

（読み）オールインワンポンプ

（英）　SYS_FAN（System FAN）
（読み）システムファン

（英）　CHA_FAN（Chassis FAN）
（読み）シャーシファン

 奥まった場所にある「ファンコネクタ」の活用方法

　マザーボード上の「ファンコネクタ」は、場所によっては「PCケース」に取り付けた後だと「コネクタ」の抜き挿しがとてもやり辛い場合があります。

　特に、「大型空冷CPUクーラー」を装着した場合は、CPUソケット周辺の「ファンコネクタ」へのアクセスが最悪になります。

　そんなときは、長さの短い「ファンコネクタ延長ケーブル」の併用が便利です。

　あらかじめ使い難い「ファンコネクタ」へ延長ケーブルを挿しておくことで、「PCケース」に取り付けた後は、延長ケーブルの先で「ケースファン」の抜き挿しを行なえばいいので、作業がとても簡単になります。

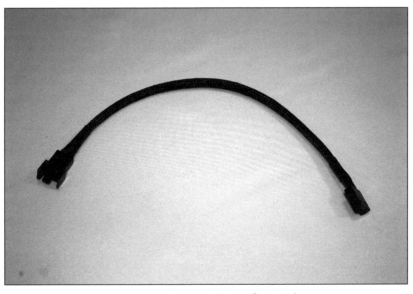

このような短めの延長ケーブルを用意

「PCケース」に取り付けた後でアクセスしにくそうな「ファンコネク
タ」に、あらかじめ「延長ケーブル」を付けておけば使い勝手が良くなる。

3-6 RGB LED制御

「LED」でパソコンを光らせる方法

■「無制御」と「RGB制御」

　昨今、「ゲーミングPC」などでパソコンを派手に光らせることが流行っており、LEDを内
蔵したファンなどが、多数販売されています。

　パソコンを光らせる方法としては、まず「無制御」と「RGB制御」の2パターンに大きく分け
ることができます。

・無制御（単色LED）

　単色LEDを埋め込んだ「LEDファン」を用いる。色の制御はできないので、発光色はLED
ファン購入時に決める。「マザーボード」側にRGB LEDを制御する仕組みが無くても光らせ
ることができるのが利点。

・RGB制御

　「駆動用ファンコネクタ」とは別に、「RGB LED制御用のコネクタ」を「マザーボード」の専
用ピンヘッダに接続して光らせるタイプの「RGBファン」を用いる。

　光らせるためには、「マザーボード」側の対応が必要。専用ユーティリティソフトを用いて
発光色の変更が可能。

■「4ピンRGB」と「ARGB」

　「RGBファン」の「発光色」を制御する方式には、「4ピンRGB」と「ARGB」という2つの方式があり、マザーボード上にもそれぞれの方式の専用ピンヘッダが用意されています。

　それぞれの特徴を、次にまとめています。

表3-2　「4ピンRGB」と「ARGB」の違い

	4ピンRGB	ARGB
マザーボード側ピンヘッダ		
ファン側コネクタ		
ピン数	4ピン	3ピン
発光色の制御	○ 専用ユーティリティから全体のRGB LEDを単一色で制御できる	◎ 専用ユーティリティからRGBファンに搭載されたLEDを1個1個個別に違う色にできる
備考	最初に登場したRGB LED制御方式 対応マザーボードは多いが、対応RGBファン製品は少なくなってきている	ここ2~3年以内に登場したマザーボードが対応する新しい方式 対応RGBファンの選択肢は多く、デファクトスタンダード

　大きな違いは「発光色の制御」で、「4ピンRGB」では全体を同じ色で明滅させたり、時間変化で全体の色を変更していく、といった単純な制御しかできませんでした。

　一方、「ARGB」では、「RGBファン」に組み込まれたLEDを、1つ1つ個別制御できるので、「虹色」を再現したり、「RGBファン」の中で「光がグルグル回る」といった演出も可能になっています。

One Point PC用語の表記・読み方

（英）　ARGB（Addressable RGB）
（読み）アドレサブル・アールジービー

マザーボードが「RGB制御」に対応していない場合は？

　「RGB LED」の制御はまだ歴史が浅く、特に「ARGB」は2018年頃以降の比較的新しい「マザーボード」でなければ対応していません。

　もし古いマザーボードで「RGB LED」を光らせたい場合は、外部「RGBコントローラ」を用いて対応します。

外部RGBコントローラ
ボタンを押すと、「発光パターン」が変化する。

■ 複数RGBファンの制御

　一般的な「マザーボード」では、「4ピンRGB」と「ARGB」のピンヘッダは、「1～3基」程度しか備わっていません。

　もっとたくさんの「RGBファン」を制御したい場合は、「RGB制御ケーブル」の「分岐ケーブル」か、「RGB制御ケーブル」の「ディジーチェーン方式」を用いることで対応できます。

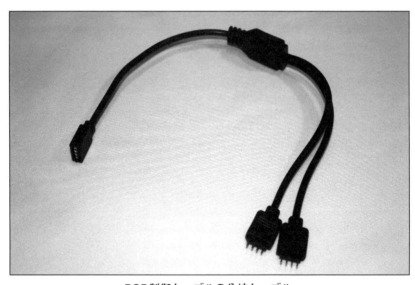

RGB制御ケーブルの分岐ケーブル

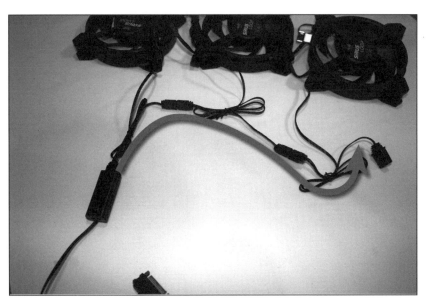

「ディジーチェーン」(数珠繋ぎ)対応のRGBファン

3-7　その他のコネクタ、ピンヘッダ

「マザーボード」に備わる、さまざまな「コネクタ」と「ピンヘッダ」

　「マザーボード」上には、さまざまな機能をもつ「コネクタ」や「ピンヘッダ」が備わっています。

　代表的なものを、いくつか解説していきましょう。

■ USB 2.0ピンヘッダ

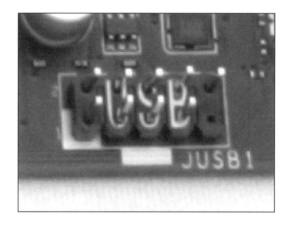

　PCケースのフロントパネルにある、「USB 2.0 Type-A」と接続する内部「USB 2.0ピンヘッダ」。1組のピンヘッダで2ポートぶんの「USB 2.0 Type-A」が取り出せます。

■ USB 3.0ピンヘッダ

PCケースのフロントパネルにある「USB 3.0 Type-A」を接続する内部「USB 3.0ピンヘッダ」。

「USB 2.0」より信号線の多い「USB 3.0」では、よりしっかりしたピンヘッダが用意されています。

1組のピンヘッダが、2ポート分の「USB 3.0 Type-A」となります。

「USB 3.0機器」のノイズに要注意！

「USB 3.0」でデータを高速転送中は、2.4GHz帯の無線通信に干渉するノイズを出していることがよく知られています。

「Bluetooth」や「Wi-Fi」、「無線マウス/キーボード」などが干渉を受ける代表例です。

たとえば、「USBメモリ」と「無線マウス」のレシーバは、両方ともフロントパネルのUSBポートに挿してしまいがちですが、その状況では「マウス」がまともに操作できなくなる可能性がとても高いです。

そういう事態に陥った場合は、「USBメモリ」か「無線レシーバ」のどちらかを「USBハブ経由」での接続に切り替え、互いに「1m」ほど距離を空けるようにするといいでしょう。

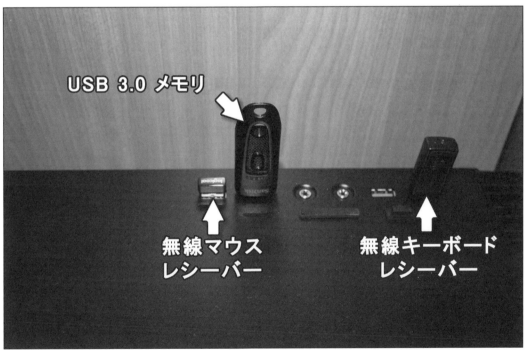

このような状態では間違いなく干渉が起きる

■ USB Type-Cコネクタ

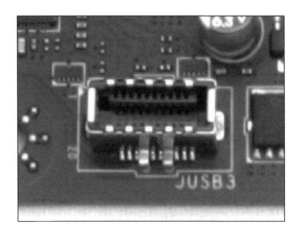

　PCケースフロントパネルの「USB Type-C」と接続するためのコネクタ。金属でシールドされているのが特徴。

■ HD Audioピンヘッダ

　PCケースフロントパネルの「ヘッドホン端子」や「マイク端子」と接続するオーディオ入出力ピンヘッダ。

 PC用語の表記・読み方

（英）　HD Audio（High Definition Audio）
（読み）ハイディフィニション・オーディオ

■ フロントパネルのボタン、LED向けピンヘッダ

　PCケースフロントパネルの「電源ボタン」や「リセットボタン」、「電源LED」、「ストレージアクセスLED」をつなぐピンヘッダ。

　「ピンアサイン」は決まっておらず、マザーボードメーカーごとにバラバラなので、マニュアルを参照して、ピン1本ずつ配線しなければならないのが手間になります。
　いまだに自作PC組み立てでいちばん厄介な作業の1つに挙げられています。

　また、LEDの配線は極性があるので、間違えないように注意しましょう。

「PCケース」からの各配線をマニュアルどおりに接続していく

■ スピーカー出力

　「スピーカー」と言っても音楽を流すためのものではなく、「エラー」などを通知するビープ音を鳴らすための「ピンヘッダ」です。

　パソコン起動時のPOSTでエラーが出た場合に、スピーカーをつないでおけば、「エラーの内容」を「音」で確認できるようになります。

＊

なお、「UEFI BIOS」のシステムでビープ警告音のパターンは次のとおり。

表3-3　「UEFI BIOS」のPOSTエラーによるビープ音パターン

ビープ音パターン	音の回数	エラー内容
・	短1	正常に起動
———	長3	メモリー異常・接触不良
—・・	長1短2	メモリー異常・接触不良
————	長5	ビデオカード異常・接触不良
—・・・	長1短3	ビデオカード異常・接触不良
—↑—↓—↑—↓ （高音低音繰り返し）	ずっと繰り返し	温度異常
—・・・・	長1短4	その他の故障・短絡など

スピーカーは、500円ほどで入手可能

PC用語の表記・読み方

....

（英）　POST（Power on Self Test）

（読み）ポスト

■ CMOSクリア

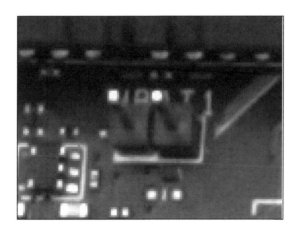

「UEFI BIOS」の設定をすべて初期状態に戻すためのピンヘッダです。

「UEFI BIOS」の設定をヘンに変更してしまって、パソコンが起動しなくなった際などに用います。

クリア手順は、以下のとおりです。

[1] 電源ユニットの主電源をオフにする。

[2] CMOSクリア用の2本のピンヘッダを5〜10秒ほどショートさせる。

ショートには「ジャンパーキャップ」を用いるのが理想ですが、ドライバーの先端などでも代用できます。

[3] 10秒経過後、ショート状態から元に戻して電源を入れると「UEFI BIOS」の設定が初期化されているはずです。

PC用語の表記・読み方

....

（英）　CMOS（Complementary Metal Oxide Semiconductor）

（読み）シーモス

[補足] 半導体の回路方式の一種だが、そこから派生していろいろな意味で使われている。

CMOSクリアもそのひとつ。

■ バックアップボタン電池

　マザーボード上の「ボタン電池」は、電源未接続時の時刻を保持したり、「UEFI BIOS」の設定情報を保持するために用いられます。

　電池寿命は「約5～10年」で、寿命がくるとパソコンが起動しないなどトラブルになることが多いです。
　古いパソコンでそのような症状が出た場合は、電池交換を。

3-8　背面I/Oパネル

「マザーボード」の拡張性が表われる「I/Oパネル」

　「マザーボード」の「背面I/Oパネル」は、「マザーボード」の拡張性によって端子の充実度に大きな差が表われます。
　「背面I/Oパネル」にある代表的な端子について、解説していきましょう。

■ PS/2コネクタ

　古いキーボードを接続するためのコネクタで、「レガシーインターフェイス」の一種です。古いキーボードを愛用している人には、必須のものと言えます。

PC用語の表記・読み方

（英）　PS/2
（読み）ピーエスツー

■ USBポート

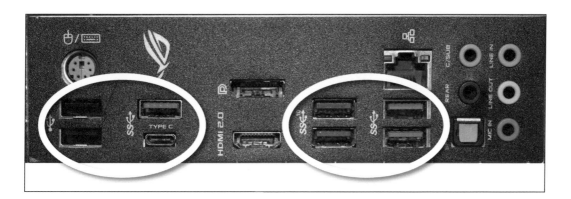

　「背面I/Oパネル」の「USBポート」充実度で、「マザーボード」のグレードを推しはかれます。

　「USB 3.x Gen2ポート」が4〜6ポート以上あれば、グレード高めの「マザーボード」と言えるでしょう。

・USB 2.0 Type-A
　キーボードやマウスを接続するための低速USBポート。

・USB 3.1 Gen1 Type-A（USB 3.2 Gen1 Type-A）
　転送速度5GbpsのType-Aポート。ポート内の色は青色。

・USB 3.1 Gen2 Type-A（USB 3.2 Gen2 Type-A）
　転送速度10GbpsのType-Aポート。ポート内の色は赤色で区別されていることがある。

・USB 3.1 Gen1 Type-C（USB 3.2 Gen1 Type-C）
　転送速度5GbpsのType-Cポート。Type-C機器との接続に使用。ハイエンド「マザーボード」では「Thunderbolt 4」や「10/20Gbps」の「USB Type-C」となっているものも多い。

■ 映像出力

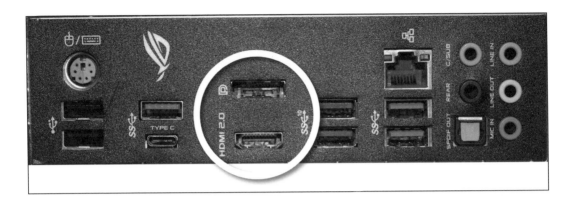

少なくとも「HDMI」と「DisplayPort」を備えるのが一般的。
GPU内蔵CPUを装着すると、この映像出力が使えます。

現行の「マザーボード」と「CPU」であれば、「4K」の「マルチモニタ」にも対応します。

■ LANポート

　超高速光インターネットを契約している場合は、「2.5GbE」対応の「マザーボード」を選ぶ
のがよいかもしれません。

 PC用語の表記・読み方

（英）　2.5GbE

（読み）ニーテンゴギガビットイーサ

[補足]規格の正式名は「2.5GBASE-T」

■ オーディオ入出力

　シンプルな「マザーボード」であれば「LINE出力」「LINE入力」「MIC入力」の3ジャックが基本構成となります。

　サウンドに少々凝っているマザーボードの場合は、加えて、「リアスピーカー出力」「サブウーハー出力」が追加され、立体音響を楽しめるでしょう。

　また、オーディオに凝っている「マザーボード」はデジタル出力（S/PDIF）を備えることが多く、外部のアンプやBluetoothトランスミッタなどとの接続に重宝します。

第4章

「チップセット」をマスターしよう

　本章では、「マザーボード」の中枢
パーツである「チップセット」の役割や、
「チップセット」のグレードごとの差が
どういった部分に出てくるか、など、
「性能差の見分け方」について、解説し
ます。
　また、「Intel」と「AMD」、それぞれ
の「チップセット事情」についても触れ
ていきます。

4-1　チップセットの役割

マザーボードの拡張性を司る「チップセット」

■　「インターフェイス・コントローラ」の集合体

「チップセット」は、マザーボードの中枢とも呼べるパーツです。

チップ自体は「拡張スロット」横のスペースに実装されるのが定位置となっており、「ヒートシンク」などの冷却機構に覆われています。

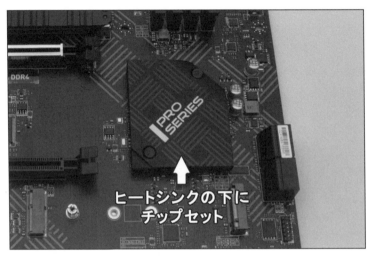

「PCI Express」や「USB」の高速データ転送には発熱を伴うため、チップセットは「ヒートシンク」に覆われている。

「マザーボード」は、パソコンを構成するさまざまな「PCパーツ」を接続し、それらPCパーツ間のデータ受け渡しを仲介するのが主な仕事です。

＊

パソコンを構成する「PCパーツ」は、それぞれの用途に適したインターフェイスで設計されています。

代表的なインターフェイスは、これまでも触れてきていましたが、主だったものとして、次の3つが挙げられます。

①PCI Express
　「PCI Expressスロット」に装着する拡張カードや「M.2 NVMe SSD」の接続に用いるインターフェイス。

②SATA
　HDDやSSD、光学ドライブの接続に用いるインターフェイス。

③USB

　その他、さまざまな周辺機器接続に用いられるインターフェイス。

　「チップセット」には、上記のインターフェイス経由でさまざまな「PCパーツ」が接続されます。

　つまり、「チップセット」とは、**複数の「インターフェイス・コントローラ」の集合体**と、考えることができます。

■ チップセットのグレードで拡張性に差が出る

　「Intel」「AMD」ともに、用途ごとにグレードを分けた「チップセット」のラインナップを揃えています。

　グレードごとに機能も違うのですが、最も差の出る部分が「拡張性」です。

　端的に言うと、**装着できる「PCパーツ」の最大数**に差が出ます。

＊

　例として、「Intel 600シリーズチップセット」の中から、ハイエンドモデル「Z690」とコスパモデル「B660」の拡張性部分に注目して比較すると、次のようになります。

表4-1　「Z690」「B660」拡張性の違い

	Z690	B660
PCI Express 4.0レーン数	12	6
PCI Express 3.0レーン数	16	8
SATAポート	8	4
USB 3.2 Gen2x2（20Gbps）	4	2
USB 3.2 Gen 2（10Gbps）	10	4
USB 3.2 Gen 1（5Gbps）	10	6
USB 2.0	14	12

　分かりやすいところから見ていくと、「SATAポート」の数は、内蔵できる「2.5インチ」や「3.5インチ」のストレージ台数に直結します。

　ただ、昨今は、「HDD」や「SSD」の1台ごとの大容量化も進み、メインのストレージは「M.2 NVMe SSD」へ移行していることから、一般用途ではあまり影響ないかもしれません。

＊

　次に、「USB」の数は、「フロントパネル」や「背面I/Oパネル」の「USBポート」の最大数に関わります。

　「Z690」のほうがより高速な「USBポート」を増やせますが、「20Gbps」や「10Gbps」対応の「USB機器」は限られているので、"「B660」の「USB」の数だと足りない！"といった事態には、そうそうならないと思います。

＊

「チップセット」の拡張性の面でいちばん差を実感するのは、やはり「PCI Express」の「レーン数」です。

「PCI Express」は、「x1/x2/x4/x8/x16」と「レーン数」を組み合わせていろいろな転送速度の拡張スロットを実装するので、「チップセット」がもつ「PCI Express」のレーン数が多いほど拡張性が増し、また拡張スロットの組み合わせの自由度も格段に向上します。

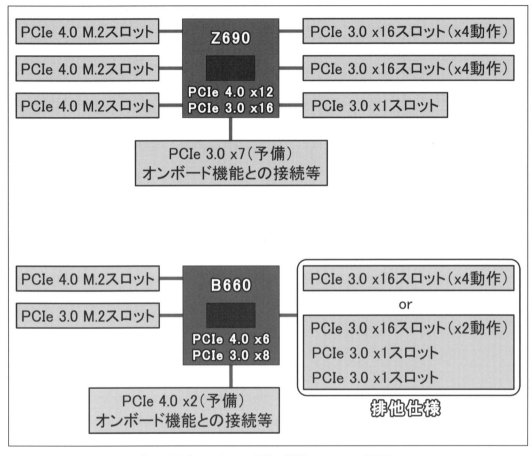

「Z690」と「B660」での、実際の拡張スロットの実装例

「レーン数」の影響が大きいのは、やはり「PCI Express x4」で、4レーンぶんを消費する「M.2スロット」の実装数です。

「B660」の場合「PCI Express 4.0 x4」対応「M.2スロット」の実装は1基までしかできません。

速度を落とした「M.2スロット」であれば、あと1基追加できますが、その場合は排他仕様など、他へのしわ寄せが起こる可能性が高いでしょう。

＊

一方、ハイエンドの「Z690」であれば、「PCI Express 4.0 x4」対応「M.2スロット」を3基実装

した上で「PCI Express スロット」も余裕をもって実装可能、むしろレーン数が余るほどです。

＊

　このようにチップセットの「PCI Express」レーン数は「M.2スロット」などの実装数に大きく影響します。

　「M.2 NVMe SSD」をたくさん装着したい場合は、迷うことなく「ハイエンド」のチップセットがオススメです。

■　オンボード機能も備える

　「チップセット」には、いろいろな「オンボード機能」も備わっています。

　特に、Intel系のチップセットはオンボード機能にも力を入れており、代表的なもので、次の機能がオンボード機能として備わっています。

・オンボードLANコントローラ

　1Gbps以上のLANを搭載。

・オンボードWi-Fiコントローラ

　Wi-Fi 6対応の無線LANを搭載。

・オンボード・サウンド

　マルチチャンネル対応の「HD AUDIO」を搭載。

　ただ、いずれも実際にハードウェアとして使うためには、マザーボード上に「物理層」の実装が別途必要です。

　「オンボードLAN」であれば、実際に「LANケーブル」に「信号」を流す、「LAN物理層チップ」。

　「オンボードWi-Fi」であれば、無線電波を送受信する「RFモジュール」。

　オンボード・サウンドであればサウンドデータをアナログ信号に変換する「オーディオコーデック」といった具合です。

One Point　チップセット・オンボード機能でもマザーボードごとの違いはある

　Intel系マザーボードであっても、「チップセット」の「オンボードLAN」は用いずに、サードパーティ（Realtek社など）の「LANコントローラ」を別途実装することもあります。

　また、「オンボード・サウンド」も「オーディオコーデック・チップ」の違いやオーディオ回路の出来栄えで音質は大分変わります。

　同じチップセットのオンボード機能だから機能や性能は画一というわけではなく、マザーボードごとの設計で特色の出る部分です。注視して比較してみると面白いです。

より高速なPCパーツはCPUに直結

■　CPUも「PCI Express」をもっている

　チップセットはPCパーツ間のデータ受け渡しを仲介するマザーボードの中枢とも言える存在ですが、すべてのPCパーツがチップセットに接続されているわけではありません。

　実は、CPUにも「PCI Express」が搭載されていて、より高速な転送速度を必要とする「PCパーツ」、特に「ビデオカード」などは、CPU直結の「PCI Express x16スロット」に装着します。

　というのも、「Intel第12世代Coreプロセッサ」の場合、「チップセット」と「CPU」の間には「DMI4.0 x4またはx8」という接続インターフェイスが用いられており、これは「PCI Express 4.0 x4」または「x8」と同じ転送速度の規格です。

　つまり、「チップセット」と「CPU」の間は最大でも、「PCI Express 4.0 x8」相当の転送速度となるため、「PCI Express 4.0 x16」といった「超高速拡張スロット」が「チップセット」の先にあっても、「DMI4.0」がボトルネックとなってしまい、意味がないのです。

　「第12世代Coreプロセッサ」の場合、「PCI Express 5.0 x16」と「PCI Express 4.0 x4」をCPU内にもっていて、多くのマザーボードで「CPUソケット」にいちばん近い「PCI Express x16スロット」と「M.2スロット」がCPUに直結されたものになっています。

　このスロットに、「ビデオカード」や超高速仕様の「M.2 NVMe SSD」を装着するようにします。

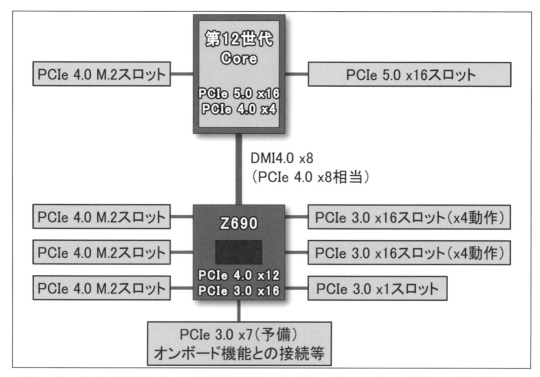

「チップセット経由の拡張スロット」に「CPU直結の拡張スロット」を合わせて、最終的な拡張仕様となる

PC用語の表記・読み方

（英）　DMI（Direct Media Interface）

（読み）ディーエムアイ

[補足]AMDの場合、「CPU」と「チップセット」間の接続には「PCI Express」がそのまま用いられている。

■　マザーボード上における各種インターフェイスの接続

「CPU」や「チップセット」のインターフェイスが、どのように相互接続するのか、図にまとめると次のようになります。

「CPU直結の拡張スロット」と、「チップセット経由の拡張スロット」の違いなどを確認してください。

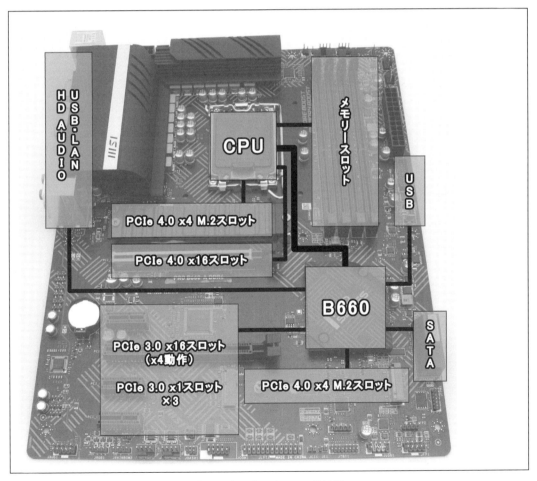

「B660」マザーボードの接続図

4-2　チップセットの種類　[Intel編]

Intelチップセットの名前の見方

■　分かれば簡単、チップセットの命名法則

　IntelはCPUの世代が変わるとだいたい同時にチップセットのラインナップも刷新されます。

　そのペースは約1年に1回で、ほぼ毎年新しいチップセットが出ていることになります。

　そのためここ数年だけで見てもチップセットのラインナップは数多く、アルファベットと数字の羅列で構成された名前を見て、どれがどれやら分かり辛くもあります。

＊

　しかし、Intelチップセットの命名法則を把握していれば、チップセットの名前から"どの世代のどれくらいのグレードのチップセットだな"ということがすぐに分かるようになります。分かれば簡単なので、ぜひ憶えておきましょう。

＊

　まず、2022年春の現行チップセットの中で、自作PC向けマザーボードに広く採用されている主力ラインナップは次の4つです。

・Z690

・H670

・B660

・H610

　チップセットの名前は1文字のアルファベットと3桁の数字で構成されていて、それぞれの文字の位置で意味が付いています。

Intelチップセットの命名法則

　先頭アルファベットは、「チップセット」のターゲットを意味しています。

・Z　ハイエンド向け。オーバークロック対応モデル。

・H　一般用途向け。

・B　高コスパモデル。

　数字の1桁目は世代を表していて、この世代は「Intel 600シリーズチップセット」という風に呼ばれます。ここは世代ごとに100番ずつ数字が増えていきます。桁数が増えると命名法則も少し変わると思われるので、1000番に突入する3〜4年後にはまた別の世代の呼び方になっているかもしれません。

　「数字の後ろ2桁」はグレードを表わしていて、単純に数字が大きいほどグレードが高い、つまり拡張性などが充実したチップセットであることを表わしています。

 PC用語の表記・読み方

（英）　Z690
（読み）ゼットロクキュウマル

（英）　H670
（読み）エイチロクナナマル

（英）　B660
（読み）ビーロクロクマル

（英）　H610
（読み）エイチロクイチマル

（英）　Intel 600
（読み）インテルロッピャク

 需要が二極化？

　「Intel 600シリーズチップセット」を搭載するマザーボードは、「VRM」周りの実装品などで全体的にコスト高となってしまったため、ハイエンドの「Z690」かコスパの「B660」で人気を二分する形となっています。

■　2018年以降のIntelチップセット一覧

ここでは、約5年前からのIntelチップセットについて**表4-2**にまとめています。
リリース間隔や対応CPUとの関係などに注目してみてください。

表4-2　2017年以降のIntelチップセットの変遷

チップセット世代	主なチップセット	CPUソケット	対応CPU
Intel 200シリーズ チップセット(2017年)	Z270、H270、B250	LGA1151	第7世代Coreプロセッサ Core i7-7700など(Kaby Lake)
Intel 300シリーズ チップセット(2017年)	Z390、Z370、H370 B365、B360、H310	LGA1151v2	第8世代Coreプロセッサ Core i7-8700など(Coffee Lake) 第9世代Coreプロセッサ Core i9-9900など (Coffee Lake Refresh)
Intel 400シリーズ チップセット(2020年)	Z490、H470、B460、H410	LGA1200	第10世代Coreプロセッサ Core i9-10900など (Comet Lake) 第11世代Coreプロセッサ(Z490、 H470のみ) Core i9-11900など (Rocket Lake)
Intel 500シリーズ チップセット(2021年)	Z590、H570、B560、H510	LGA1200	第11世代Coreプロセッサ Core i9-11900等(Rocket Lake)
Intel 600シリーズ チップセット(2021年)	Z690、H670、B660、H610	LGA1700	第12世代Coreプロセッサ Core i9-12900など(Alder Lake)

約5年で5回モデルチェンジしており、さらに「Intel 300シリーズ」と「Intel 400シリーズ」
の一部を除き、チップセットと対応CPUは1世代限りの組み合わせで、マザーボードはその
まま新しいCPUへ載せ換えるといったことは基本的に考慮されていません。

CPUとマザーボードは同時に買い替えが必要ということで、ある意味割り切っていてわ
かりやすいと捉えることもできます。

One Point **PC用語の表記・読み方**

(英)　Kaby Lake
(読み)　ケイビーレイク

(英)　Coffee Lake
(読み)　コーヒーレイク

(英)　Comet Lake
(読み)　コメットレイク

（英）　Rocket Lake
（読み）ロケットレイク

（英）　Alder Lake
（読み）アルダーレイク

［補足］Intel CPUの開発コードネーム。「第6世代Coreプロセッサ」の「Sky Lake（スカイレイク）」以降、「〇〇レイク」という名前を継承している。

「Intel 600シリーズチップセット」の詳細

■ 4モデル仕様比較

　2022年春現在のIntelチップセット現行世代「Intel 600シリーズチップセット」の仕様は次のとおりです。

表4-3　「Intel 600シリーズチップセット」仕様比較

	Z690	H670	B660	H610
CPUオーバークロック	○	-	-	-
メモリーオーバークロック	○	○	○	-
DMI	DMI4.0x8	DMI4.0x8	DMI4.0x4	DMI4.0x4
CPUからのPCI Express 5.0	x16またはx8+x8	x16またはx8+x8	x16	x16
CPUからのPCI Express 4.0	x4	x4	x4	-
PCI Express 4.0レーン数	12	12	6	-
PCI Experss 3.0レーン数	16	12	8	8
SATAポート数	8	8	4	4
USB 3.2 Gen2x2（20Gbps）	4	2	2	-
USB 3.2 Gen2（10Gbps）	10	4	4	2
USB3.2 Gen1	10	8	6	4
USB2.0	14	14	12	10
RAID 0,1,5	○	○	-	-

　「SATAポート」や「USB」の数は、グレードごとに分かりやすい相応の差が出ていますが、その他で上記仕様表の中からチェックすべきポイントには、次が挙げられます。

・オーバークロックについて

　CPUの「オーバークロック」に対応するのは「Z690」のみです。「オーバークロック対応のCPU (Kモデル)と組み合わせたときに、オーバークロック設定を行なえます。

　メモリオーバークロックは、「H610」以外で対応しています。

・CPUからの「PCI Express 5.0」の分割

　「Z690」と「H670」はCPUの「PCI Express 5.0」の2分割(x8+x8)に対応し、「PCI Express 5.0 x16スロット(x8動作)」を2基実装する対応マザーボードであれば、マルチGPUの「NVIDIA SLI」に対応します。

　「AMD CrossFire」の場合は「分割方式」でなくても動作するので「B660」以下で対応可能なマザーボードもあります。

・「H610」は「M.2スロット」が弱点

　「H610」はチップセットのもつ「PCI Express」が弱く、またCPUがもつ「PCI Express 4.0 x4」にも対応していません。

　したがって、昨今流行の「PCI Express 4.0」対応高速「M.2 NVMe SSD」の性能を活かせる「M.2スロット」を実装できないことが弱点になってしまいます。

 CPUからの「PCI Express」が「5.0」か「4.0」かはマザーボード次第

　「Intel 600シリーズチップセット」がサポートする「第12世代Coreプロセッサ」は、CPU内に「PCI Express 5.0 x16」を持っていますが、これが「5.0」のまま拡張スロットとして実装されるかどうかはマザーボードの設計次第です。

　「5.0」の拡張スロットは相応にコストがかかるため、安価な「B660」のマザーボードでは、大半が「4.0」で実装されています。

　とは言っても、現状「PCI Express 5.0」対応の拡張カードが無いので、実用上に差はありません。

 PC用語の表記・読み方

（英）　　NVIDIA SLI (Scalable Link Interface)
（読み）　エヌビディア　エスエルアイ

（英）　　AMD CrossFire
（読み）　エーエムディ　クロスファイア

[補足]ビデオカードを2枚以上装着してマルチGPUでグラフィックス性能を大幅に向上させる技術。超高解像度でのゲームプレイに威力を発揮する。昨今は解像度よりもフレームレートが重要視されるようになり、その方面ではマルチGPUの恩恵が少ないためあまり利用されなくなってきている。

4-3 チップセットの種類 ［AMD編］

AMDチップセットの名前の見方

■ 3つのグレードが用意された「AMDチップセット」

AMDチップセットの名前も、Intelチップセットと同じような命名法則に従っており、グレードや世代の判別は簡単です。

2022年春の現行チップセットのラインナップは次の3つです。

> ・X570（X570S：マイナーチェンジ版）
> ・B550
> ・A520

チップセットの名前は1文字のアルファベットと3桁の数字の組み合わせで、こちらもIntelチップセットと同じです。

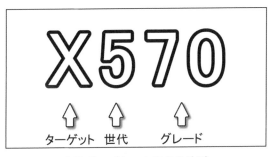

AMDチップセットの命名法則

先頭のアルファベットはチップセットのターゲットを意味します。

> ・X ハイエンド向け。
> ・B ミドルレンジ向け。
> ・A エントリー向け。

「数字の1桁目」は「世代」を表わしており、現行世代は「AMD 500シリーズチップセット」と呼ばれます。数字の後ろ2桁はグレードを表し、数字が大きい方が拡張性に優れたチップセットであることを表わしています。

 PC用語の表記・読み方

・・

（英）　X570
（読み）エックスゴーナナマル

（英）　B550
（読み）ビーゴーゴーマル

（英）　A520
（読み）エーゴーニーマル

（英）　AMD 500
（読み）エーエムディ　ゴヒャク

■　CPUとの"セット感"が少ないAMDチップセット

　「AMDチップセット」は「Intelチップセット」と違い、CPUとチップセットの世代の結びつきにあまり関連性をもたないのが特徴です。

　特に2017年の「Ryzenシリーズ」登場以後は、CPUソケットを「Socket AM4」に統一し、「CPU」と「チップセット」をいろいろな世代の組み合わせで動かせることから、そういった印象になるのかもしれません。

＊

　ただ、全世代のチップセットが全世代の「Ryzenシリーズ」に対応しているわけではなく、どのチップセットでどの世代の「Ryzenシリーズ」が動作するのか、よくよく調べる必要がある点は、世代ごとに割り切っているIntelよりも分かりにくくなっている点かもしれません。

＊

　「Socket AM4」以後の主なAMDチップセットと、対応CPU世代の関係をまとめると、次のようになります。

表4-4　各チップセットのCPU世代対応表（※最新BIOSを適用した場合）

	X370	B350	A320	X470	B450	X570	B550	A520
Ryzen 5000シリーズ（Vermeer） Zen3アーキテクチャ	○	○	○	○	○	○	○	○
Ryzen 5000Gシリーズ（Cezanne） Zen3アーキテクチャ APU	○	○	○	○	○	○	○	○
Ryzen 4000Gシリーズ（Renoir） Zen2アーキテクチャ APU	○	○	○	○	○	○	○	◎
Ryzen 3000シリーズ（Matisse） Zen2アーキテクチャ	○	○	-	○	○	◎	◎	◎
Ryzen 3000Gシリーズ（Picasso） Zen+アーキテクチャ APU	○	○	○	○	○	◎	-	-
Ryzen 2000シリーズ（Pinnacle Ridge） Zen+アーキテクチャ	○	○	○	◎	◎	◎	-	-
Ryzen 2000Gシリーズ（Raven Ridge） Zenアーキテクチャ APU	○	○	○	◎	◎	-	-	-
Ryzen 1000シリーズ（Summit Ridge） Zenアーキテクチャ	◎	○	○	◎	◎	-	-	-

　2022年3月に「AMD 300シリーズチップセット」で最新の「Ryzen 5000シリーズ」サポートをAMDが公表したことから、全世代の「Ryzenシリーズ」に対応するチップセットが格段に増えました。

＊

　逆に、新しい「AMD 500シリーズチップセット」のほうが、古い世代をサポートしないので、対応CPUが少なくなっているくらいです。

＊

　ただし、この対応表通りにCPUを動かすには、マザーボードに対応BIOSがリリースされ、アップデートを済ませていることが条件です。

　特に表の中で「○」表記となっている部分は、チップセットのリリース日のほうがCPUのリリース日より前という関係になっているので、マザーボードのBIOSの状況によっては購入直後からBIOSアップデートが必要になるかもしれないので、注意が必要です。

One Point　「AMD 300シリーズチップセット」のBIOSアップデートに注意

　「AMD 300シリーズチップセット」の「Ryzen 5000シリーズ」対応BIOSアップデートはかなり無理をしている部分もあり、最新の「Ryzenシリーズ」へ対応する代わりに「AMD Aシリーズ」や「AMD Athlonシリーズ」など古いCPUへの対応が打ち切られ動かなくなってしまいます。

One Point　PC用語の表記・読み方

（英）　Vermeer
（読み）フェルメール

（英）　Cezanne
（読み）セザンヌ

（英）　Renoir
（読み）ルノワール

（英）　Matisse
（読み）マティス

（英）　Picaso
（読み）ピカソ

（英）　Pinnacle Ridge
（読み）ピナクルリッジ

（英）　Raven Ridge
（読み）レイヴンリッジ

（英）　Summit Ridge
（読み）サミットリッジ

[補足]AMD CPUの開発コードネーム。「Ryzen 3000シリーズ」以後、有名画家から名前を取っている。

PC用語の表記・読み方

（英）　Zen
（読み）ゼン

（英）　Zen+
（読み）ゼンプラス

（英）　Zen2
（読み）ゼンツー

（英）　Zen3
（読み）ゼンスリー

[補足]「Ryzenシリーズ」のコア・アーキテクチャの世代を表す用語。「Ryzenシリーズ」はCPU
自体の世代（5000シリーズ＝第5世代）の他に、「コア・アーキテクチャ」の世代があるので使い
分けに注意しよう。

「AMD 500シリーズチップセット」の詳細

■ 3モデル仕様比較

2022年春現在のAMDチップセット現行世代「AMD 500シリーズチップセット」の仕様は、次のとおりです。

表4-5 500シリーズチップセット」の仕様比較

	X570	B550	A520
CPUオーバークロック	○	○	-
CPU-チップセットインターコネクト	PCI Express 4.0 x4	PCI Express 3.0 x4	PCI Express 3.0 x4
CPUからのGPU用PCI Express	4.0 x16またはx8+x8	4.0 x16またはx8+x8	4.0 x16
CPUからの汎用PCI Express	4.0 x4	4.0 x4	3.0 x4
CPUからのSATA 3.0 （汎用PCI Expressと排他仕様）	2	2	2
CPUからのUSB 3.2 Gen2 (10Gbps)	4	4	4
PCI Express 4.0レーン数	16	-	-
PCI Experss 3.0レーン数	-	6	6
SATA 3.0	4	4	2
SATA 3.0 （PCI Expressと排他仕様）	8 (PCI Express 4.0 x8と排他)	2 (PCI Express 3.0 x2と排他)	2 (PCI Express 3.0 x2と排他)
USB 3.2 Gen2 (10Gbps)	8	2	1
USB3.2 Gen1	-	2	2
USB2.0	4	6	6
RAID	○	○	○

「X570」と「B550」「A520」の間で拡張性に大きな隔たりがあり、「M.2 NVMe SSD」やHDDを多く積みたい場合は「X570」一択となります。

*

その他、「MDチップセット」「Ryzenシリーズ」の組み合わせの特徴として、押さえておきたいポイントは、次のとおり。

・ミドルクラスの「B550」も、オーバークロック対応

「Ryzenシリーズ」はラインナップの大半がオーバークロックに対応しており、チップセット側も「X570」「B550」でオーバークロックの設定を行なえます。ミドルクラス構成で気軽にオーバークロックに触れられるのが特徴です。

・「PCI Express 4.0」ベースのチップセットは「X570」だけ

チップセット自体に「PCI Express 4.0」を備えるのは「X570」だけで、「B550」と「A520」はCPU側にしか「PCI Express 4.0」がありません。

・「SATAポート」の数は排他仕様で増減

「PCI Express」と「SATA」が排他仕様になっていて、特に「B550」のマザーボードでは

「M.2スロット」や「PCI Express」スロットを使用すると使用可能な「SATAポート」が減っていくものが多いです。

・「USB 3.2 Gen2x2 (20Gbps)」をもっていない

　いちばん新しい「B550」「A520」でも2020年リリースで「USB」周りの設計が少々古く、「USB 3.2 Gen2x2 (20Gbps)」をチップセットにもっていないのが弱点の1つとして挙げられます。

・CPU次第で「PCI Express 3.0」環境となる

　「Ryzen APU」の「Ryzen 5000G/4000Gシリーズ」は、現行モデルでありながら「PCI Express 3.0」仕様となっているため、これらのAPUを用いるとパソコン全体が「PCI Express 3.0」環境となってしまいます。APUを使う場合には、注意が必要です。

 「PCI Express 3.0」で困るコトは？

　「Ryzen APU」はそこそこ強力な内蔵GPUを搭載しており最小構成パソコンなどで人気を集めるプロセッサです。

　ただ、APU環境は「PCI Express 4.0」非対応な点が数少ない弱点とされており、次のような不利が生じます。

＊

★まず1つ目は、「PCI Express 4.0」対応の「M.2 NVMe SSD」の性能を発揮できない点。

　最大転送速度7GB/sを超える「M.2 NVMe SSD」も、「PCI Express 3.0」環境では転送速度が半減します。高価なSSDを購入する意味がなくなります。

★もう1つは、「AMD Radeon RX 6500 XT」のような「PCI Express 4.0 x4」という少ないレーン数で設計されているビデオカード使用時に性能低下が発生する点。

　もともと必要最小限の転送速度で設計されているので、インターフェイスが「PCI Express 3.0」になると転送速度の下限を割ってしまい性能が大きく下がることがあります。

　ただ、多くのビデオカードは「PCI Experss 4.0 x16」仕様であり、これが「PCI Express 3.0 x16」に下がっても影響は誤差の範囲なので、この問題を気にする必要はあまりないでしょう。

「AMD Radeon RX 6500 XT Phantom Gaming D 4GB OC」（ASRock）
AMD同士だが「Ryzen APU」と「AMD Radeon RX 6500 XT」の相性は良くない。

第5章

「UEFI BIOS」の使い方

　「UEFI」の使い方や、「BIOSアップデート」について解説します。
　基本的に「UEFI」をいじらなくてもパソコンは動くので、無暗に触らないほうがいいのですが、何か問題があったときは触らなければならない場所、それが「UEFI」です。

5-1 「UEFI」と「BIOS」

もともとの「BIOS」の役割

■「ソフトウェア」と「ハードウェア」の仲介役だった

　「BIOS」は、マザーボードの不揮発メモリ内に保存され、コンピュータ起動時に必ず毎回最初に読み込まれるプログラム(「ファームウェア」とも呼ぶ)であることは、前述したとおりです。

＊

　「BIOS」についての知見をさらに広げるために、少し昔の話をしましょう。

＊

　もともと「BIOS」がもっていた大きな役割の1つには、実行しているソフトウェアに対して、「キーボード」や「マウス」、「ディスプレイ」「ストレージ」などの、「標準入出力」の機能を提供する、というものがありました。

　たとえば、ソフトウェアから「BIOS」の機能を呼び出すだけで「キー入力」を受け付けたり、「ディスプレイに文字を表示」したりできたのです。

　ハードウェアに直接アクセスすることなく、基本的なコンピュータ操作が可能となるので、ソフトウェア製作の難度が下がり、移植性も向上しました。

　「BIOS」の名前である、「Basic Input Output System」(標準入出力システム)は、ここからきています。

　今で言う、「ハードウェアのデバイスドライバ」的な役割をもっていました。

■「BIOSの役割」は、「起動時のイニシャライズ」と「OS起動までの橋渡し」へ

　「ソフトウェア」や「ハードウェア」が進化すると、「BIOS」の「機能」や「処理速度」では物足りなくなり、「標準入出力」としての「BIOS」は役割を終えることになります。

＊

　それでも「BIOS」には、(a)パソコン起動時にハードウェアの初期化と初期設定を行ない、(b)「OS」の「ブートローダ」へと引き継ぐ役割が残りました。

　この状態で、長年パソコンは使われ続けてきました。

「BIOS」から「UEFI」へ

■ BIOSの限界

　「BIOS」は長年使われ続けていましたが、次第にハードウェアの進化から取り残されていきます。その主な要因は次の2つです。

・2TBの壁

　「BIOS」でディスク管理に用いていた「MBR」(Master Boot Record)は最大2TBのストレージ容量までしか対応しておらず、ストレージ大容量化に対応できませんでした。

・16bit動作

　「BIOS」は昔から変わらないパソコンの初期動作モードで稼働するので、最新CPUでも「16bitモード」で動いていました。

＊

　「16bitモード」ではメモリ容量上限が「1MB」までという制限があり、またCPUの保護機能なども使えないため、セキュリティの観点からも問題がありました。

 One Point　PC用語の表記・読み方

....

(英)　MBR (Master Boot Record)
(読み)　エムビーアール、マスター・ブート・レコード

[補足]昔ながらのストレージ管理方法。2TB以上のディスクには対応できない。

■ 「UEFI」への移行

　「BIOS」の弱点を克服すべく開発されたのが、先進的なファームウェアOS間ソフトウェア・インターフェイス「UEFI」です。「UEFI」対応ファームウェアには、次の利点があります。。

・64bit動作

　「64bit動作」により、容量制限が緩和され、**BIOS自体を高級プログラム言語で開発でき**るようになりました。

・GPT対応

　新たなストレージ管理方法として「GPT」(GUID Partition Table)に対応。**2TBの壁が取り払われました**。

・グラフィカル・ユーザーインターフェイス

　容量に余裕が出たことで、**操作画面もマウス対応のグラフィカル・ユーザーインター**フェイスになりました。

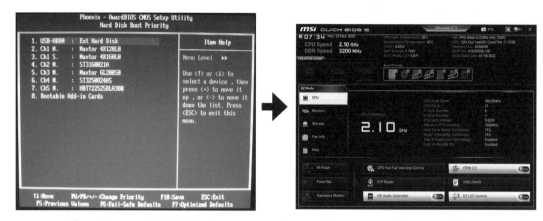

「青地にテキスト」の昔ながらの「BIOS画面」から、「グラフィカルな「BIOS画面」に。

PC用語の表記・読み方

（英）　GPT（GUID Partition Table）

（読み）ジーピーティー、ジーユーアイディー・パーティション・テーブル、グーイド・パーティ
ション・テーブル

[補足]「GUID（グローバル一意識別子）」を用いたストレージ管理方法。

　最大8ZB（ゼタバイト、80億TB）までのストレージ容量に対応し、実質容量無制限となった。

　起動ディスクに「GPT」を使用する場合はOSの対応も必要で、「Windows XP 64bit」以降の
Windowsが「GPT」に対応している。

5-2 「UEFI BIOS」の操作方法

「UEFI BIOS」の基本操作

■「UEFI BIOS」への入り方

「UEFI BIOS」の設定画面を表示するには、電源オンからマザーボードメーカーのロゴなどが表示された瞬間に、マザーボードごとに決められた「キー」を押します。

多くの場合、[Delete]キーや[F2]キーなどが割り当てられています。

*

キーを押すタイミングですが、昨今の起動が素早いパソコンではロゴが表示された瞬間を見逃してしまうことも多々あるので、電源オン直後（または再起動直後）から該当キーを1秒間に1〜2回くらいのペースで連打しておくのが確実でしょう。

ただ、キーをずっと押しっ放しにするのは、キーの反応がなくなることもあるので、NGです。

*

※なお、ここでは、基本的にMSI製マザーボードでの設定を例に進めています。

■「簡単モード」と「詳細モード」

「UEFI BIOS」には「簡単モード」（EZ Mode）と「詳細モード」（Advanced）の2種類の設定画面が用意されている場合が多いです。

「EZ Mode」は、「センサ・モニタリング」と「起動ドライブの変更」程度しかできないので、「UEFI BIOS」の設定を変更する場合は「Advanced」に変更します。

マザーボードメーカーにもよりますが、画面内に「EZ Mode」「Advanced」の切り替えボタンがあるはずです。

「EZ Mode」画面

「Advanced」画面

■ 設定の保存と再起動

　「UEFI BIOS」で何らかの設定を変更した場合は、「Save Changes and Reboot」という項目を選択して、「保存」と「再起動」を行なう必要があります。

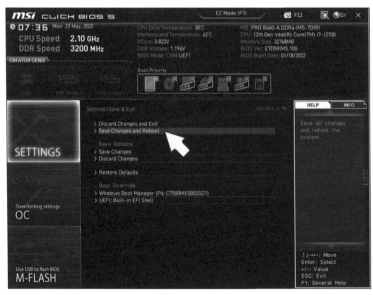

「Settings→Save & Exit→Save Changes and Reboot」

代表的な設定箇所

■ デフォルト設定に戻す

すべての設定を、デフォルトの工場出荷状態へと戻します。

CPUの載せ換えなど重大なハードウェア更新を行ったときや、BIOSアップデートを行う前後に実行します。

＊

「Restore Defaults」や「Load Setup Defaults」という項目を選択してデフォルト設定が読み込まれます。

後は設定の保存と再起動を忘れないようにしましょう。

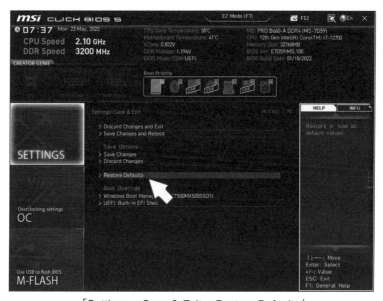

「Settings→Save & Exit→Restore Defaults」

■ メモリ速度設定(XMP読み込み)

たとえば、「DDR4-3200」のメモリを購入したのに、デフォルト設定では「DDR4-2666」や「DDR4-2133」になってしまう場合、そのメモリは「オーバークロック・メモリ」であり、「XMP」というプロファイルを読み込まないと、仕様どおりの性能が出ません。

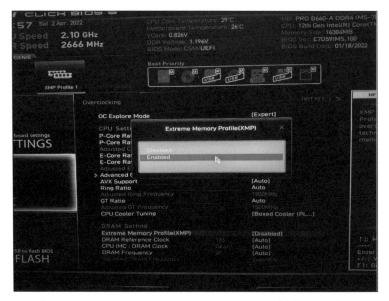

「Overclocking→Extreme Memory Profile(XMP)」を「Enable」に

PC用語の表記・読み方

・・

（英）　XMP（eXtreme Memory Profile）

（読み）エックスエムピー

[補足] メモリに保存されているオーバークロック用プロファイル。これを読み込む設定にしないと、オーバークロック・メモリは本領を発揮しない。

■ Intel CPUでの電力制限(Power Limits)

　Intel CPUは、CPUクーラーの冷却能力に応じて電力制限を行う設計になっており、その設定は「UEFI BIOS」から行ないます。

　デフォルトでは無制限や高めの設定になっている場合が多く、標準CPUクーラーなど冷却能力の低いCPUクーラーを使う場合は、ユーザーの手で電力制限を行なう必要があります。

＊

　ひとまずは、「Overclocking→CPU Cooler Tuning」で使用中のCPUクーラーを指定すれば、簡易的に、適切に設定されます。

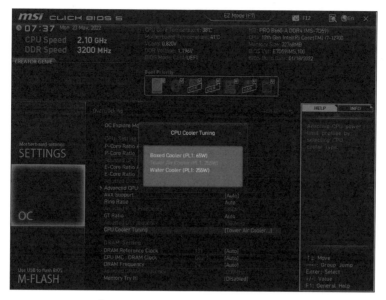

「Overclocking→CPU Cooler Tuning」

　ただ、この簡易設定のワット数は、「高め」も「低め」も両極端すぎます。

　自ら細かく調整したい場合は、「Overclocking→Advanced CPU Configuration→Long Duration Power Limit(W)」に、任意の数値を入力することで、狙ったワット数の電力制限を指定できます。

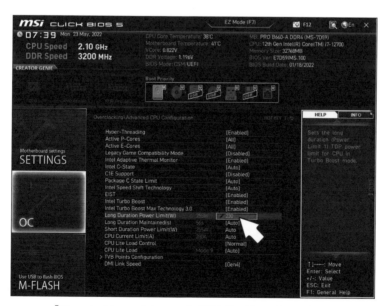

「Overclocking→Advanced CPU Configuration→Long Duration Power Limit(W)」に、任意のワット数を入力。

電力制限に大きいワット数を指定しても最大値は超えない

電力制限に必要以上のワット数を指定したとしても、CPU自体に設定された最大電力値を超える電力供給は行なわれません。

したがって、「第12世代Coreプロセッサ」の場合、デフォルトの「255W」としておけば、使用CPUに合わせたそれぞれの最大電力が供給されます。

もしその状態でCPU温度が100℃を超えたり、CPUクーラーが煩すぎるので静かにさせたいという場合は、低めのワット数を指定し、様子を見てみるといいでしょう。

もちろん、電力制限を低くすると、CPU性能は抑えられるので、静音性とのトレードオフになります。

「UEFI BIOS」の数値入力設定をオートに戻したいとき

「UEFI BIOS」の設定項目で、数値入力可能な項目は、マウス・カーソルを合わせた状態でキーボードから数値入力することで任意の数値に設定できます。

これをオート設定に戻したい場合は、同じく「マウス・カーソル」を合わせて、キーボードから「Auto」と入力すれば、OKです。

■ AMD「Ryzenシリーズ」の「簡単オーバークロック設定」

「Ryzenシリーズ」には全自動でオーバークロックを行なってくれる「Precision Boost Overdrive（PBO）」という機能が備わっています。

＊

「Advanced→AMD Overclocking→Accept→Precision Boost Overdrive」を「Enable」にするだけで、オーバークロック設定は完了です。

＊

ただし、「PBO」は消費電力と発熱の上昇の割には性能向上がイマイチな部分もあるため、余裕のあるCPUクーラーを使っていて、多少消費電力が上がってもいいから、少しでも性能向上がほしい場合に、有効にしてみると良いでしょう。

「Advanced→AMD Overclocking→Accept→Precision Boost Overdrive」
画面はASRock製マザーボードの「UEFI BIOS」

One Point

PC用語の表記・読み方

（英）　Precision Boost Overdrive（PBO）
（読み）プレシジョン・ブースト・オーバードライブ

5-3　BIOSアップデート

「BIOSアップデート」はするべき？

■「BIOSアップデート」は慎重に

　万が一の失敗が起こってしまうと、マザーボードが動かなくなってしまう危険性を孕んだ
BIOSアップデート作業は、少なくとも新しいBIOSがリリースされるたびに毎回行なうよ
うなものではありません。

　特に、使用中の不具合も発生していないなら、静観しておくといいでしょう。

■ こんなときは「BIOSアップデート」

一般的に、次のようなケースでは、「BIOSアップデート」を推奨します。

・新しいCPUに載せ換えるとき

新登場するCPUを動かすには、そのCPUに対応するBIOSが必要になることがほとんどです。

対応BIOSがリリースされていることを確認して、BIOSアップデートに成功してから、新しいCPUを購入するようにしましょう。

・不具合が発生しているとき

パソコンを使用する上で何かしらの不具合が発生している場合は、不具合改善のBIOSのリリースを待って、速やかにアップデートを行ないます。

・マザーボードを引退させるとき

新しいマザーボードに買い替える際は、取り換える直前の最新BIOSへアップデートしてから引退させておくと、後々にサブPC製作のパーツとして流用したり、知人へ譲るなどといった場合に、使用できる対応CPUの幅が広がってプラスになることが多いです。

BIOSアップデートの手順

■ 使用中のマザーボードを確認する

BIOSアップデートを行なう前に、まずは使用中のマザーボードのモデル名をしっかりと確認します。

特にBTO PCの場合は、使用しているマザーボードを把握していないことも多いでしょう。

マザーボードの確認方法には、BIOS画面に表記されているものや、「CPU-Z」(https://www.cpuid.com/softwares/cpu-z.html)というアプリを用いて確認する方法があります。

*

Webサイトより「CPU-Z」をダウンロードして実行し、「Mainboard」タブを開くと、使用中のマザーボードのメーカーとモデル名などを確認できます。

BIOS画面にはマザーボードのモデル名も表記されていることが一般的

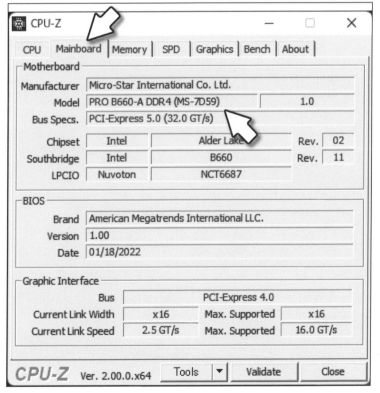

「CPU-Z」でマザーボードのモデル名を確認

■ 最新BIOSをダウンロード

　マザーボードのメーカーとモデル名を確認できたら、マザーボードメーカーのWebサイトを訪問し、最新BIOSを、ダウンロードします。

　代表的なマザーボードメーカーのWebサイトは次のとおり。

・ASRock

https://www.asrock.com/index.jp.asp

・ASUS

https://www.asus.com/jp/

・BIOSTAR

https://www.biostar.com.tw/app/jp/index.php

・GIGABYTE

https://www.gigabyte.com/jp

・MSI

https://jp.msi.com/

　各Webサイトのサポートページで、モデル名検索を行なえば、BIOSファイルのダウンロードへの誘導が見つかるはずです。

■ ダウンロードしたファイルを展開し、「USBメモリ」へ

　ダウンロードしたファイルは圧縮ファイルなので、任意のフォルダに展開します。

　展開して出てきた16〜32MBほどのファイルがBIOSデータの本体になります。

　取り出したBIOSデータは、「USBメモリ」のルートフォルダへとコピーしておきます。

　BIOSアップデートにはUSBメモリが不可欠なので、事前に用意しておきましょう。

■ マニュアルに従ってBIOSアップデート

　あとは、マザーボードメーカーのマニュアルに従ってBIOSアップデートを行ないます。

　なお、アップデート作業へ入る前には、念のため「UEFI」のデフォルト設定を読み込ませておいたほうがいいでしょう。

　アップデート方法自体は、次に挙げる3つが代表的なもので、いずれかの方法を選択して実行します。

---

①「UEFI BIOS」内の書き換えツールを用いる

　最もオーソドックスな書き換え方法で、「UEFI BIOS」の画面から「BIOSアップデートツール」を呼び出します。

②Windows上での書き換えツールを用いる

　Windows上で動作する「BIOSアップデートツール」を用意しているメーカーもあります。最も手軽なアップデート方法と言えます。

③BIOSフラッシュバック機能を用いる

　一部の、特にハイエンドのマザーボードは、CPUが未搭載でも「USBメモリ」からBIOSアップデートを可能にする「BIOSフラッシュバック」といった機能を備えています。

　ただ、これはあくまで緊急時の救済手段で（新しいCPUを買ったがBIOSを更新しないと動かせない場合など）、通常のBIOSアップデートは上記2つの手段で行なうことを推奨します。

＊

　アップデートの細かい手順は各メーカーごとに異なるので、ここでは触れませんが、それぞれのマニュアルをしっかり確認してから作業に挑みましょう。

　アップデートが無事成功したら、一度「UEFI」のデフォルト設定を読み込ませて初期化したのち、続いて改めて今まで設定していた「メモリ速度」や「電力制限」などの設定に戻して、作業は完了です。

初心者にありがちな失敗

よく、「PCの自作は、プラモデルを作るよりも簡単だ！」などと言われますが、やはり、多少は「やってみなければ分からない」部分はあります。

そこを知らない初心者は、組み上げに手間取ったり、パーツを破損させたり、最悪の場合、自身が「怪我」をすることもあります。

＊

ここでは、PC自作において、「マザーボード」に関する失敗例を取り上げてみます。

「マザーボード」の「組み付け」での失敗

「マザーボードの組み付け」段階に関わる、失敗例を見ていきましょう。

＊

PCの組み立てが佳境に入ってから「マザーボード」の組み付けに誤りが見つかると、全パーツを取り外してやり直しになってしまうことも珍しくありません。

しっかりと、注意深く、作業を進める必要があります。

■「I/Oシールド」取り付けの失敗

「マザーボード」の背面コネクタ群の隙間を隠すパーツを、「I/Oシールド」や「I/Oパネル」、「バック・パネル」などと呼びます。

「マザーボード」を「PCケース」へ組み付ける際は、準備段階として、まず、PCケース背面にマザーボード付属の「I/Oシールド」を取り付ける必要があります。

この「I/Oシールド」、PCケースの工作精度などにもよりますが、取り付けにはちょっとした慣れが必要で、初めての「PC自作」では完全に取り付けられていないケースがしばしばあります。

「I/Oシールド」のフチ部分をしっかりPCケースに押し当て、"バチン""バチン"と固定させましょう。

ただ、昨今はマザーボード側に「I/Oシールド」が固定されているモデルも増えてきているので、この作業も不要になりつつあります。

「I/O シールド」の取り付けは最後までしっかりと

＊

また、「I/O シールド」に関連した失敗を、もう一つ。

　一部の「I/O シールド」には、「LAN ポート」や「USB ポート」の穴にツメが出っ張っているものがあり、「マザーボード」を組み付ける際に、そのツメが「端子内部」に潜り込んでしまうことがあります。

　PC が組み上がった後にコネクタをつなげようとするも、挿すことができず、よく見るとツメが食い込んでいるのを発見……といった失敗は、時折耳にします。

　こうなると、また PC を全部バラすことになるので、よく注意するようにしましょう。

■「マザーボード固定ネジ」の間違い

　「マザーボード」を「PC ケース」に固定する際は、「PC ケース」内の指定の場所に「六角スペーサー」と呼ばれるネジ穴の付いた「スペーサー」を取り付けます。

　そして、その上に「マザーボード」を置いて、「六角スペーサー」と「マザーボード」をネジで留めます。

「PCケース」と「マザーボード」の間に挟まる「六角スペーサー」
これの取り付けが緩いというのも初心者にありがちな失敗。
「ペンチ」や「ナットドライバー」で、きつく締めよう。

　必要なネジ類は、「PCケース」に付属しているはずなので問題はないのですが、ここに少し「落とし穴」があります。

　それは、「マザーボード」の固定に用いるネジの種類です。

＊

　自作PCでは、基本的に「インチネジ」「ミリネジ」「タッピングネジ」という3種類のネジを使い、使用箇所でどのネジを用いるかはおおむね決まっています。

左から「インチネジ」「ミリネジ」「タッピングネジ」
「タッピングネジ」はケースファン用。
「インチネジ」と「ミリネジ」はネジ山のピッチで見分ける。

　ところが、「六角スペーサー」だけは「インチネジ」と「ミリネジ」の両種類が出回っていて、どちらのネジを用いるかは、PCケースに付属する「六角スペーサー」の種類次第です。

「PC自作指南Webサイト」などを見ると、時折、

> 「マザーボード」の固定には「インチ・ネジ」を使います

と決め打ちで記述されていることがあったりしますが、どちらかに決まっているわけではないので、注意しましょう。

間違えたネジを用いると、当然固定できない上に、無理矢理締め付けようとすると、ネジ穴がバカになって、次に正しいネジを使っても締められなくなってしまいます。

どちらのネジが合うのか分からず、不安な場合は、組み立てる前に「六角スペーサー」にネジを指で取り付けてみましょう。

指でもスムースに回せるのであれば、それが正しいネジです。

■「PCケース」内で「ネジ」を落として行方不明

PCケースに「マザーボード」を組み付けた後、他の作業中にPCケース内にネジを落としてしまい行方不明になる……というのは、初心者以外でも起こしやすい失敗です。

ただ、行方不明になったネジがもしPCケースと「マザーボード」の隙間に挟まったりでもしたら、ショートの原因となりPCパーツが故障するかもしれません。

いったん「マザーボード」を取り外してでも、行方不明になったネジは、必ず見つけ出すようにしましょう。

*

予防策として、「先端に磁石の付いたドライバー」を使うことをオススメします。

■「CPU補助電源」の挿し忘れ

「電源ユニット」から「マザーボード」に挿す必要のあるケーブルは、(A)「24ピンATX電源」および(B)「ATX12V/EPS12V CPU補助電源」——の2種類です。

「24ピンATX電源」はいちばん目立つ電源ケーブルなので挿し忘れることも少ないですが、「CPU補助電源」は「マザーボード」の上端に位置し、PCケースへ組み込むとよく見えないので、挿し忘れてしまうことがままあります。

また、大きめのPCケースを使っている場合は、「CPU補助電源」を裏配線に回すと、「コネクタまでケーブルが届かない」、もしくは「届いてもギリギリで作業がやりづらい」といった状況になることがあります。

こういった場合は、「CPU補助電源」の延長ケーブルを用意し、余裕をもって裏配線できるようにするといいでしょう。

「折り返し」を考えると、このようなギリギリの長さだと、取り付けがとてもやりづらい

■「電源ケーブル」の抜き差しで怪我

　「マザーボード」へ挿すケーブル、特に「24ピンATX電源」は、たまにコネクタがとても固くなっており、抜くのに苦労することがあります。

　思いっきり力を入れても指先が痛くなるばかりで、勢い余って怪我をする危険性も否めません。
　そんなときに便利なのが、「静電気防止手袋」です。

　「静電気防止手袋」を付けていれば、指先の痛みも緩和されて力を入れやすくなり、怪我の防止にもなります。
　指先に「滑り止め加工」が施されているものが良いでしょう。
　PC自作には、「不可欠なアイテム」と言えます。

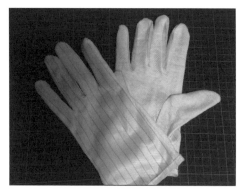

「静電気防止手袋」はPC自作の必需品

索 引

索引

[著者プロフィール]

勝田 有一朗（かつだ・ゆういちろう）

1977 年大阪府生まれ。「月刊 I/O」や「Computer Fan」の投稿からライター活動を始め、現在も大阪で活動中。

[主な著書]

「コンピュータの新技術」
「理工系のための未来技術」
「コンピュータの未来技術」
「PC［拡張］＆［メンテナンス］ガイドブック」
「逆引き AviUtl 動画編集」
「はじめての Premiere Elements12」 （工学社）

質問に関して

本書の内容に関するご質問は、

① 返信用の切手を同封した手紙

② 往復はがき

③ FAX (03) 5269-6031

（ご自宅の FAX 番号を明記してください）

④ E-mail editors@kohgakusha.co.jp

のいずれかで、工学社編集部宛にお願いします。電話によるお問い合わせはご遠慮ください。

サポートページは下記にあります。

[工学社サイト] https://www.kohgakusha.co.jp/

I/O BOOKS

マザーボード教科書

2022 年 6 月 25 日 初版発行 © 2022

著 者 勝田有一朗
発行人 星 正明
発行所 株式会社工学社
　〒160-0004 東京都新宿区四谷 4-28-20 2F
電話 (03) 5269-2041 (代) [営業]
　　　(03) 5269-6041 (代) [編集]
振替口座 00150-6-22510

※定価はカバーに表示してあります。

[印刷] シナノ印刷 (株)

ISBN978-4-7775-2202-6